Pierre L. Ibisch/Jörg Sommer

Das ökohumanistische Manifest

W0174978

Wir widmen dieses Buch Prof. Dr. Michael Succow.

Er gab als politischer Ökologe dem Naturschutz im wiedervereinigten Deutschland und vielen Gebieten weltweit völlig neue Chancen. In den 80 Jahren seines bisherigen Lebens musste er die dramatische Verschlechterung der Ökosysteme erleben und setzte sich deshalb konsequent und gegen alle Widerstände für die Erhaltung der Naturlandschaften ein. Immer deutlicher warb und wirbt er dafür, dass die Menschen im Zentrum dieser Bemühungen stehen und wir für eine enkeltaugliche Zukunft kämpfen müssen.

Pierre L. Ibisch/Jörg Sommer

DAS ÖKOHUMANISTISCHE MANIFEST

UNSERE ZUKUNFT IN DER NATUR

Mit Illustrationen von Kat Rücker–Weininger
und einem Nachwort von Alberto Acosta

HIRZEL

In diesem Buch werden sowohl das generische Maskulinum als auch das generische Femininum je nach Satzaussage und unter Berücksichtigung der besseren Lesbarkeit verwendet.

Bibliografische Information der Deutschen Nationalbibliothek
Die Deutsche Nationalbibliothek verzeichnet diese Publikation in der Deutschen Nationalbibliografie; detaillierte bibliografische Daten sind im Internet unter https://portal.dnb.de abrufbar.

1. Auflage 2022
ISBN 978-3-7776-2865-3 (Print)
ISBN 978-3-7776-3042-7 (E-Book, epub)

© 2022 S. Hirzel Verlag GmbH
Birkenwaldstraße 44, 70191 Stuttgart
Printed in Germany
Einbandgestaltung: semper smile, München
Satz: Satzpunkt Ursula Ewert GmbH, Bayreuth
Zeichnungen: Kat Rücker-Weininger, Fuchstal-Seestall, www.ruecker-art.de
Druck und Bindung: Druckerei Lokay, Reinheim
www.hirzel.de

www.blauer-engel.de/uz195
· ressourcenschonend und umweltfreundlich hergestellt
· emissionsarm gedruckt
· überwiegend aus Altpapier   WK9
Dieses Druckerzeugnis wurde mit dem Blauen Engel ausgezeichnet

Druckerzeugnis
www.natureoffice.com/DE-344-KN5DTTQ
klimaneutral
durch CO2-Ausgleich

Inhalt

Unser Denken vom Kopf auf die Füße stellen

So wie bisher kann es nicht weitergehen.

Eine Verlängerung der Gegenwart hat keine Zukunft mehr. Unsere globalisierte, rücksichtslose, auf Organisation von Ungleichheit basierte Welt funktioniert nicht mehr. Sie verbraucht immer mehr unersetzliche Ressourcen. Sie treibt ungebremst die Klimakrise voran. Sie kann für die meisten Menschen der Welt weder Nahrung noch Wasser, Bildung, Gesundheit oder Frieden gewährleisten.

Wir suchen nach Lösungen.

Lösungen, die ein *Gutes Leben* ohne Mangel und Überfluss möglich machen. Doch diese Lösungen werden wir nicht finden, wenn wir in alten Ideologien verharren. Das Denken, das für die Probleme verantwortlich ist, kann keine Lösungen finden.

Wir brauchen einen neuen Ansatz, der die planetaren Grenzen akzeptiert und zugleich das Wohl der Menschen in den Mittelpunkt stellt.

Beides gehört zusammen.

Keines dieser beiden Prinzipien ist aktuell Maßstab des Handelns in Wirtschaft und Gesellschaft. Doch ohne ihre konsequente Anwendung ist Zukunft nicht denkbar. Es geht dabei nicht um etwas mehr Ökologie oder Gerechtigkeit. Es geht auch nicht um das neuerdings viel beschworene Gleichgewicht zwischen Ökonomie und Ökologie. Das wird nicht reichen. Wir werden mit diesen alten Vorstellungen vollständig brechen müssen.

Unser Denken muss vom Kopf auf die Füße gestellt werden, ja, es muss im wahrsten Sinne des Wortes *geerdet* werden. *Geerdetes Denken* wurzelt im Ökosystem. Es beginnt in der Natur und richtet sich auf den Menschen aus. Hieraus ergibt sich die neue Denkrichtung: die Natur als Ausgangspunkt, die Menschen als Ziel. Sie stellt den Glauben an den Menschen und seine Befähigung zu gutem Handeln in den Mittelpunkt. Sie vereinbart die Idee der Großartigkeit des Menschseins mit dem gebührenden Respekt vor den menschlichen Schwächen und der tatsächlichen Rolle von uns Menschen in der Natur.

Dieses *Geerdete Denken* greift alte humanistische Bildungsideale auf, aber fügt sie in ein aktuelles, wissensbasiertes Weltbild ein. Es verknüpft Ökologie und Humanismus auf einzigartig klare Weise und ist damit Grundlage einer Philosophie des Anthropozän.

Ihr Name: Ökohumanismus.

Eine Bedienungsanleitung

Wer ein Buch schreibt, muss es nicht erklären. Wer möchte, dass es gelesen wird, schon. Beginnen wir damit, was dieses Buch nicht ist. Es ist keine weitere Beschwörung der Apokalypse, keine Schuldzuweisung an politisch Verantwortliche, kein Ratgeber in nachhaltiger Lebensführung, kein Buch über Umwelt-, Natur- oder Klimaschutz, keine Forderung nach einem neuen Gesellschaftsvertrag.

Es ist nichts davon – und zugleich viel mehr.

Wir wollen zum Denken verführen. Zu einem Denken, das die Herausforderungen eines Epochenwandels bewältigt, indem es alte Muster überwindet, die uns in die aktuellen ökologischen und gesellschaftlichen Krisen geführt haben. Denn so war es immer in historisch entscheidenden Umbrüchen der Menschheitsgeschichte: Ohne *Neues Denken* war kein Überwinden Alten Handelns möglich.

Dieses *Neue Denken* ist noch lange nicht mehrheitsfähig, aber unabänderlich nötig, wenn wir als Menschheit auf diesem von uns bereits gründlich abgewirtschafteten Planeten eine Zukunft haben wollen.

Deshalb bieten wir unsere Verführung in drei Teilen an.

Im ersten Teil skizzieren wir die Entwicklung von uns Menschen als Produkt des Ökosystems Erde. Wir gehen den Fragen auf den Grund, warum es uns gibt, wer wir sind und wie wir sind.

Wir diskutieren unsere Möglichkeiten und Grenzen. Wir legen dar, warum wir ein neues, *Geerdetes* Denken brauchen, welche Grundlagen es hat – und warum wir dafür den Begriff des Ökohumanismus für geeignet halten.

Im zweiten Teil beschreiben wir die Große Vergessenheit. Sie hat die Menschheit in die aktuelle Lage gebracht, in der sie die Grenzen des Ökosystems – trotz aller Technologie – weiterhin nicht überwinden kann, wohl aber weite Teile dieses Systems zerstören kann. Wir sprechen über die neue, globale Dimension der Krisen, das Scheitern technologischer Allmachtsutopien und letztlich über die größte Herausforderung von allen: die Überwindung der Tragödie des Wissens.

Abgeschlossen wird das Buch von zehn Thesen, die Grundlagen des Ökohumanismus darstellen. Sie hinterfragen sämtliche Grundlagen, auf denen unsere moderne, globalisierte, rücksichtslose Art des Lebens und Wirtschaftens basiert. Wir haben an diesem Punkt bewusst Schluss gemacht. Denn die daraus resultierenden dringenden Veränderungsbedarfe führen zu völlig neuen politischen, wirtschaftlichen und gesellschaftlichen Konzepten. Diese aber können und sollen nicht von Einzelnen am grünen Tisch erdacht werden, sondern können nur Ergebnis umfassender gesellschaftlicher Aushandlungsprozesse sein. Wir laden alle unsere Leser und Leserinnen dazu ein, sich an diesem Prozess zu beteiligen – unabhängig davon, wie viele unserer Einschätzungen sie teilen mögen.

Denn wir teilen alle miteinander denselben Segen und Fluch: Wir leben in einer Zeit des Umbruchs, die alles in den Schatten stellt, was die Menschheit zuvor bewältigt hat.

Jeder einzelne Mensch auf diesem Planeten hat Anspruch darauf, an diesem Umbruch mitzuwirken. Nehmen wir uns dieses Recht. Es ist zu wichtig, um es anderen zu überlassen.

Wir empfehlen, alle drei Teile der Reihe nach zu lesen, aber den

Ungeduldigen wird auch ein Einstieg im dritten Teil zusagen. Dort werden Fragen entstehen, die die Lust auf eine Lektüre der vorderen Teile befördern könnten – oder eigene Gedanken provozieren. Das würde uns mindestens genauso freuen. Denn in diesem Buch geht es ums Denken, Lesen ist nur ein Katalysator.

Wollen Sie Ihre Gedanken mit uns und anderen teilen? Haben Sie Fragen, Kritik, Anmerkungen, Vorschläge? Dann besuchen Sie uns Autoren auf *www.oekohumanismus.de* und lassen Sie uns dort gemeinsam weiterdenken. Wir laden Sie herzlich dazu ein.

Pierre L. Ibisch & Jörg Sommer
Berlin, im Mai 2021

WER WIR SIND

UND WIE WIR SIND

Die Krise der Menschheit ist umfassend, nie war so viel Risiko wie heute. Das ist schlimm. Und es ist gut. Denn immer mehr Menschen erkennen die vielen Facetten dieser Krise. Sie spüren die Auswirkungen am eigenen Leib. Sie spüren, dass unsere globale Lebensweise so nicht mehr lange funktioniert.

Ungerechtigkeit, Unfrieden, Hunger und Perspektivlosigkeit für den größten Teil der Menschheit prägen unsere Gesellschaft. Wir leben schon lange damit, denn wir hatten eine starke Droge: die Hoffnung. Die Privilegierten hofften, dass eine immer intensivere Ausbeutung der natürlichen Ressourcen unseres Planeten ihren Lebenswandel auch in Zukunft finanzieren und ihren Wohlstand stetig weiter steigern würde. Die Unterprivilegierten hofften, dass mehr Ressourcen endlich auch zum kleinen Teil bei ihnen ankommen würden. Beide Hoffnungen haben dazu beigetragen, dass wir in vielen Bereichen die Grenzen unseres Ökosystems längst erreichten – und dabei die globale Ungerechtigkeit weiter manifestierten.

Nun erfahren wir, dass diese ökologischen Grenzen nicht verhandelbar sind. Wir sind auf dem besten Wege, unseren Planeten zu ruinieren. Wir erkennen:

Alles, was Menschen denken und schaffen, führt zum Scheitern, wenn es mit Ökosystemvergessenheit einhergeht.

Diese Erkenntnis ist eine ökologische. Doch sie hat zutiefst gesellschaftliche Auswirkungen: Das Prinzip Hoffnung löst sich auf.

Mit dem *erdvergessenen Denken* und Wirtschaften werden wir an der sozialen Frage scheitern, bevor wir die ökologischen Grenzen erreichen.

Es funktioniert so nicht. Diese Erkenntnis reift global. Bei den Privilegierten wie bei den Unterprivilegierten. Und sie beschert der Ökologie eine neue zentrale – und undankbare Rolle: Sie wird vom bloßen ethischen Anspruch zur Grundlage *Geerdeten* Denkens, Handelns und Wirtschaftens. Sie zerstört die Hoffnung auf ein endloses »Immer mehr« für auch weiterhin nur wenige. Sie zwingt uns dazu, die Frage, wie wir leben wollen, endlich nicht mehr in die Zukunft zu verschieben, sondern im Jetzt zu klären. Aus dem Prinzip Hoffnung wird das Prinzip Handeln werden. Doch auf welcher Grundlage?

Es geht nicht darum, die Ökologie zur Ideologie zu erheben. Ökologie ist nicht Ziel oder Vision – sie hilft uns lediglich zu verstehen, was Naturhaushalt ist und wie er sich verändert. Die moderne Ökologie verknüpft die Befunde aller Naturwissenschaften mit denjenigen der Forschung zu uns selbst.

Der Mensch ist ein Objekt der Ökologie.

Wenn der Mensch ein im Rahmen der biologischen Evolution entstandenes Lebewesen im globalen Ökosystem ist, gelten die Naturgesetze auch für ihn. Diese wissensbasierte Aussage ist schlicht und hat weltanschauliche Sprengkraft.

Dogmatische Religionen und Ideologien haben viel Leid über die Menschheit gebracht. Doch ohne kollektive Weltanschauung zu leben, birgt ebenfalls Probleme. Und angesichts der heute erkennbaren ökologischen Grenzen ist es uns nicht mehr möglich, ohne Ziel und ohne Verantwortung für die Folgen unseres Handelns zu leben.

Da wir befähigt sind, aus Wissen erwachsene Verantwortung zu empfinden, müssen wir sie auch wahrnehmen. Das ist kein Naturgesetz. Die Natur schreibt nicht vor, dass vernunftbegabte Wesen von ihrer Vernunft auch Gebrauch machen müssen.

Es gibt immer eine Alternative – das Aussterben der Art.

Für die Menschheit gibt es keine Ausnahme. Unser großer ökologischer Vorteil besteht eben in dieser Fähigkeit zur Erkenntnis und zu vernünftigem Denken und Handeln. In dieser Reihenfolge.

Aber Vorsicht: Wir werden mit unserem Geerdeten Denken nicht da aufhören, wo es wehtut. Denn genau da wird es neu – und spannend. Deshalb denken wir gemeinsam weiter, über die Grenze des Beliebigen hinaus. Und zwar bis zu den Wurzeln unseres Menschseins, unserer Rolle in der Natur und unserer Einstellung zu ihr – auf der Grundlage des aktuell zur Verfügung stehenden Wissens. Dies ist eine weitere Prämisse:

Weltanschauungen dürfen nicht im Widerspruch stehen zu dem plausiblen Wissen über uns Menschen und die gesamte Natur.

Der ideologische Vorschlag ist, den Menschen wieder in den Mittelpunkt unseres Strebens zu stellen. Der Humanismus kreist um den Menschen. Doch der neue Humanismus sieht den Menschen nicht als quasi übernatürliches Geschöpf, sondern als Lebewesen, das mit beiden Beinen im globalen Ökosystem steht. Der neue Humanismus ist nur ökologisch zu denken. Nur so stellt er die wichtigen Fragen und findet die richtigen Antworten.

Ein Humanismus ohne Ökologie ist angesichts unseres heutigen Wissens nicht mehr denkbar.

Seit vier Jahrzehnten wurden verschiedene Vorschläge gemacht, den Humanismus zu aktualisieren und vor allem die Fortschritte der biologischen und ökologischen Wissenschaften in sein konzeptionelles Fundament zu integrieren. Wichtige Konzepte sind diejenigen des *evolutionären* und des *ökologischen Humanismus*. Sie lagen in der Luft, entstanden mehrfach unabhängig voneinander, blieben jedoch überwiegend in philosophischen Nischen verhaftet.

Doch mit der zunehmenden Erkennbarkeit der ökologischen Grenzen für immer größere Teile der Menschheit wird die Suche nach Antworten drängender, die Bereitschaft, sich auf neues Denken einzulassen, größer.

Das Sein der Menschheit schreit nach einem neuen Bewusstsein.

Jedes Denken hat seine Zeit. Das neue Denken im Alten hat es immer schwer, zu allen Zeiten der Menschheit blieben dessen Protagonisten und Protagonistinnen im besten Falle ungehört. Allzu häufig landeten sie auf Scheiterhaufen, in Irrenanstalten oder mussten Schierlingsbecher leeren. Meist für das Aussprechen von Wahrheiten, die wenige Generationen später Allgemeingut wurden. So hat jedes neue Denken einen historischen Moment, in dem es die Chance hat, sich durchzusetzen.

Einen solchen historischen Moment erleben wir gerade. Wir – die gesamte Menschheit, nicht nur die Philosophen – können erstmals die Grenzen des planetaren Ökosystems erkennen. Was bleibt, ist die Herausforderung, diese Grenzen auch zu akzeptieren und aus ihnen Handeln abzuleiten. Genau hier entfaltet sich die Wirkung des Ökohumanismus.

Ökohumanismus heißt, den Humanismus zurück ins globale Ökosystem zu bringen.

Es geht um die Ermächtigung der Menschen, nach frei gewählten Prinzipien und innerhalb naturgegebener Grenzen leben zu wollen und zu können. Es geht nicht darum, Menschen an sich zu idealisieren, sondern es geht um eine realistische Einschätzung unser selbst. Ökohumanismus bedeutet, an die Stärken der Menschen und den Wert der Menschlichkeit zu glauben, zugleich die menschlichen Schwächen zu erkennen und einzuhegen. Er basiert gleichermaßen auf dem Gebot der Solidarität und der Verantwortung der Freiheit.

Das Versprechen des Ökohumanismus bezieht sich radikal auf die seit Jahrtausenden empfundene *humanitas* – die Menschlichkeit und Menschenfreundlichkeit als eine Grundbedingung für Gutes Leben und für gelingende Gesellschaften. Ökohumanismus schöpft Kraft aus dem scheinbar unauflösbaren Gegensatz eines anthropozentrischen und gleichermaßen ökosystembasierten Weltbildes.

Der Widerspruch zwischen Mensch und Natur ist nicht naturgegeben, sondern menschengemacht.

Die soziale Mitwelt ist selbst Bestandteil der natürlichen Mitwelt und kann nur innerhalb ihrer Grenzen existieren. Ökohumanismus steht insofern für die Vereinbarkeit einer Erdung auf dem Boden der Naturgesetze einerseits und der Utopie der Vervollkommnung des Menschen als Quelle von Optimismus und Gestaltungswillen andererseits. Das, was *menschlich* ist und sein soll, kann und muss aus dem Ökosystem abgeleitet werden, von dem wir ein Teil sind.

Die Krise der Menschheit ist allumfassend und global. Das ist nicht gerecht, sie bedeutet unermessliches Leid für so viele Menschen, es ist ungerecht gegenüber unseren Kindern und Enkeln.

Dennoch darf die multiple Krise kein Grund zum Verzweifeln sein, aber zum raschen und überlegten Handeln. Es gibt keine Zwangsläufigkeit der Entwicklung, die Ergebnisoffenheit der Zukunft ist (noch) auf unserer Seite. Dies ist kein utopisches Buch, aber über Utopien wird zu reden sein. Weder Schönfärberei noch Alarmismus sollen gepflegt werden, es gibt keine Vertröstung auf Spiritualität. Wir wollen zutiefst realistisch sein.

Eine realistische Diagnostik unserer Lage kann fatal auf das Gemüt schlagen. Sie kann Entsetzen auslösen, Trauer und Wut.

Die größte Kunst des 21. Jahrhunderts aber besteht darin, Frustration und Empörung in Motivation zu verwandeln.

Das ist ohne Zweifel schwierig, jedoch kein Hexenwerk. Auf dem Weg wollen vielerlei böse Geister von uns Besitz ergreifen. Einer ist die Niedergeschlagenheit – das Risiko, dass die katastrophalen Befunde und Szenarien einen so in den Bann ziehen, dass es kein Entrinnen gibt. Sie lässt uns einfach versinken. Ein weiterer Geist heißt Aktionismus, der eine Abkehr vom Denken und vom Wissen bedeutet, weil einfaches und schnelles Handeln verspricht, keine Zeit zu verlieren. Er kann mit hoher Geschwindigkeit in Sackgassen führen. Ähnlich irreführend können Wissensbesessenheit und Perfektionismus sein, die uns glauben machen, nicht genug zu wissen, und uns dazu bringen, immer mehr Wissen anzuhäufen, ohne es aber zu reflektieren oder anzuwenden. Ein anderer Geist ist Eskapismus – das Ignorieren von Tatsachen und Verantwortung verschafft scheinbar Erleichterung –, aber er bringt uns dazu, den zu beschreitenden Weg völlig aus dem Auge zu verlieren.

Es fällt gegebenenfalls leichter, nicht vom Weg abzukommen, wenn man sich mit Prinzipien und Werten stärkt. Ohne die Haltung, die sich aus ihnen ergibt, fehlt uns die Kraft für das notwendige Umsteuern. Diese Kraft können wir nur aus dem Denken schöpfen. Dann wird aus Wissen Motivation: Wir, die Menschen, mit der Natur für die Menschen in der Natur.

Wir, die Menschen
Warum es uns gibt, wer wir sind und was wir können

Wir Menschen sind Natur. Wir sind Produkt der biologischen Evolution und mit allem unserem Treiben ein Teil des Geschehens im globalen Ökosystem. Unser Handeln ist natürlich und wird selbst Ursache für evolutionäre Entwicklung. Wir erkennen, was gut ist, und wir tragen die Verantwortung für die Verbesserung unser selbst – nicht aber für die Kontrolle der gesamten Natur.

Wir, die Menschen, können über die Konsequenzen unseres Handelns und die von uns beeinflussten möglichen Zukünfte nachdenken. Wir sind die einzigen Lebewesen, von denen wir mit Gewissheit sagen können, dass ihnen eine solche Reflexion möglich ist.

Wir sind befähigt, das *Gute* zu definieren und anzustreben, ohne dabei ausschließlich an unseren eigenen kurzfristigen Vorteil zu denken. Wir sind ein Ergebnis der biologischen Evolution auf der Erde. Wir verfügen über Belege für unsere Verwandtschaft mit allen anderen Organismen, mit denen wir unseren Lebensraum teilen. Durch uns erkennt sich die Evolution quasi erstmals selbst. Zumindest erfassen wir als ein Teil und Ergebnis der Evolution diesen Prozess des Werdens, Wandelns und Vergehens des Lebens auf der Erde. Und wir erfassen, dass wir begonnen haben, in diesen Prozess aktiv einzugreifen.

Wir sind soziale Wesen mit einer außerordentlichen Begabung zur bewussten Kooperation. Wir denken weit über das Unmittelbare hinaus, verständigen uns darüber, wägen ab und entscheiden auf der Grundlage von Wissen. Wir erkennen das Hier und Jetzt, aber auch das Früher, Später und Anderswo.

Wir reflektieren unsere Rolle in der Welt als Individuen, als Gruppen und als Menschheit. Wir schmieden Pläne, was wir erreichen wollen, und diese sind nicht immer bescheiden. Wir nehmen uns Taten vor, die zuvor niemand schaffte. Wir setzen uns Ziele. Das gemeinsame Denken und der organisierte Zusammenhalt haben uns so stark und erfolgreich gemacht, dass wir scheinbar Regeln der Natur außer Kraft setzen konnten.

Wohl niemals zuvor hat eine Spezies seine eigene ökologische Nische derart umfassend und schnell erweitert, ohne sich dabei biologisch tiefgreifend ändern zu müssen. Keine andere Art hat aus eigener Kraft ihr angestammtes Ökosystem verlassen können und durch die Entfesselung der ihr innewohnenden Ingenieursfähigkeiten den eigenen Lebensraum auf alle Kontinente zu erweitern vermocht.

Wir entstammen ursprünglich der afrikanischen Savanne, besiedelten immer neue Lebensräume und haben uns letztlich von den Fesseln der lokalen Ökosysteme mit ihren typischen Gefahren, ihren jahreszeitlichen Herausforderungen, ihren geografischen Beschränkungen und den begrenzten Ressourcen emanzipiert.

Es gibt uns, weil vor uns Bakterien, Würmer, Reptilien, Insektenfresser und Primaten gute Lösungen für die Herausforderungen der Existenz darstellten und wir aus ihnen hervorgingen im Jahrmilliarden währenden Prozess der Eskalation alles Lebendigen. Wir sind eine Station im ergebnisoffenen Fluss der Selbstorganisation der belebten komplexen Systeme. Aber: Wir sind nicht die Krone der Schöpfung.

Wir Menschen sind so einzigartig, wie es alle anderen Arten sind – und genauso ersetzlich.

Mit all unseren aktuellen physikalischen, chemischen und biologischen Kenntnissen können wir ernüchtert erkennen: Wir sind ein weiteres Experiment der Natur im Rahmen der Interaktion energetischer Zustände.

Denn alles ist Energie, einschließlich Materie und Information. Energie wird in diesem Universum nicht neu geschaffen, aber sie wandelt sich von einer Form in eine andere. Dabei nimmt die Qualität der Energie ab. Physiker sagen: Die Entropie nimmt zu. Das ist eine Herausforderung für alle Lebewesen, denn Leben ist das Umwandeln von Energie, um arbeiten zu können und wieder Energie gewinnen zu können.

Auch unser menschliches Sein wird getrieben von der Suche nach hochwertiger Energie und weiteren Zutaten, die es braucht, um uns als stoffwechselnde Systeme zumindest eine Zeitlang davor zu bewahren, den aller Materie eigenen Weg des Zerfalls zu gehen.

Am Ende steht für uns alle, genauso wie für die Sonnen und die Galaxien dieses Universums, der Zustand des thermodynamischen Equilibriums: Die totale Entwertung aller vorhandenen Energie und das Ende aller physikalischen Arbeit, also das Ende allen Bewegens, Bauens und Denkens. Aber noch schaffen sich lebende Systeme Energie und damit Zeit für Existenz. Aus egoistischer Sicht des erkennenden Menschen ist das *gut*. Nutzen wir die uns gegebene Zeit.

Je mehr unterschiedliche Lebewesen im globalen Ökosystem entstanden, desto größer wurde die Zahl der Möglichkeiten für weitere Lebensformen. Biologische Vielfalt ist keine Laune der Natur, sondern Ergebnis und Bedingung für das Leben, größere Mengen von Energie einzufangen, festzuhalten und umzuwandeln. Die erfolgreichen lebenden Systeme wirtschaften effizient mit den benötigten Ressourcen, schützen sich bestmöglich vor Schocks und Überraschungen und haben die Möglichkeit, sich nach Störungen zu erholen sowie sich an Umweltveränderungen anzupassen.

Im Laufe der Evolution wuchsen Zahl, Qualität und Intensität der ökologischen Wechselwirkungen. Am Anfang war die Welt leer. Es gab viel Platz und genügend Energie für die wenigen Organismen der Erde. Deren Zahl wuchs, und es entstanden Konkurrenz um Raum und Ressourcen und Gegnerschaft. Eine Frage von Leben und Tod.

Die Erdoberfläche und die Meere wurden belebter. Organismen trafen auf immer mehr andere Lebewesen, und es entstand Kooperation als eine neue Möglichkeit, effizienter an Energie zu kommen und zu überleben. Es entstand das Zusammenleben, die *Symbiose*. Mobile Tiere etwa werden mit Nektar, Pollen oder Fruchtfleisch dafür entlohnt, dass sie Pflanzen bei der Fortpflanzung und Ausbreitung unterstützen. Pilze erhalten Nahrung für die Bereitstellung von Nährstoffen und Wasser.

Die Funktionstüchtigkeit der Ökosysteme wuchs mit der Verschachtelung, dem Austausch und der gegenseitigen Unterstützung von Lebewesen. Aus Einzellern entstanden Mehrzeller. Aus getrennten Arten entstanden Artenkomplexe beziehungsweise regelrechte Überorganismen, die Holobionten. Auch wir Menschen sind nicht nur Mensch.

Wir selbst sind viel mehr Ökosystem, als uns lange bewusst war.

In unseren Zellen findet sich neben der genetischen Information von *Homo sapiens*, auch solche von Proteo-Bakterien, die zu Mitochondrien wurden – jenen kleinen Kraftwerken, die Energie für unser Funktionieren bereitstellen.

Wir können nicht wirklich selbstbestimmt leben und sind nie allein. Zu einem gesunden Menschen gehört auch sein *Mikrobiom*, also die Gesamtheit aller Mikroorganismen an, auf und in uns. Diese helfen uns zum Beispiel bei der Verdauung, schützen uns vor Krankheiten oder beeinflussen unsere Stimmungen. Die komplexesten Lebewesen sind ohne die vermeintlich simplen Einzeller nicht lebensfähig.

Wir sind Teil eines größeren Ökosystems. Aber wir sind auch selbst Ökosystem. Trotz all unseres Wissens und Wollens können wir weder das große noch unser eigenes, individuelles Ökosystem steuern. Wir sehen es nicht, aber wir hängen von ihm ab. Wir sind ein Bestandteil der Natur, aber wir können die Natur nicht beherrschen – noch nicht einmal die Mikroben in unserem Körper, mit denen wir in Symbiose existieren.

Im Zuge der zu immer mehr systemischer Integration treibenden Evolution entstanden soziale Lebewesen, die davon profitieren, dass Arbeitsteilung und Abstimmung zwischen Individuen einer Art für verbesserten Schutz und eine effizientere Energiegewinnung sorgen.

Komplexe Nahrungsnetze führen zur verstärkten Selbstregulation im Ökosystem und zur Vervielfachung der Lizenzen, in diesem System mitzuwirken. Jede Mitwirkung beeinflusst andere Lebewesen. Arten wie Elefanten, die in der Savanne Bäume und Sträucher niedertrampeln, schaffen und erhalten Lebensraum für Arten, die diese veränderten Bedingungen benötigen. Biber, die Wasserläufe anstauen, fördern krautreiche Überschwemmungswiesen auf Kosten von Auwald – sie schaffen damit eine größere Ökosystemvielfalt und Lebensraum für eine größere Zahl von Arten, die in einem Gebiet koexistieren können. Ganz nebenbei halten diese Ökosystemingenieure Wasser in Ökosystemen zurück, was deren Empfindlichkeit gegenüber Dürreereignissen senkt. Daraus ergeben sich neue Optionen und Lösungen für die Erhaltung und Fortentwicklung des Lebens. Auch wir Menschen tragen im Ökosystem dazu bei, dass durch das Konsumieren von Tieren und Pflanzen Selektionsdrücke für vielerlei Arten entstehen, die das gesamte System voranbringen können.

Dadurch, dass Menschen in Gruppen zusammenleben, sich absprechen und organisieren können, werden sie befähigt, Wirkungen zu entfalten, die für Individuen unerreichbar wären. Die Intensität und Qualität der Kooperation zwischen Menschen unterscheiden uns graduell von unseren nächsten Verwandten wie Schimpansen oder Bonobos.

Die Entwicklung der komplexen menschlichen Sprache verstärkte letztlich unseren Zusammenhalt und unseren Erfolg. Sie bewirkte auch, dass wir uns ein besseres Bild von der Natur machen konnten und zur Abstraktion befähigt wurden. Was erkannt und benannt ist, lässt sich denken. Im Gehirn interagieren sogar unsere Gedanken – materielose Informationsportionen – und produzieren neue Ideen. Selbstreflexion und Empathiefähigkeit nahmen im Rahmen der Menschwerdung zu. Menschen lernten, sich selbst zu hinterfragen.

Wir können von uns auf andere sowie von anderen auf uns schließen. Die dabei entstehenden Erkenntnisse sind nützlich und verstörend. Wir können ausgefeilte Pläne für die Zukunft schmieden und entwickeln ein ausgeprägtes Bewusstsein für Leben und Tod, erkennen Risiken, Unsicherheit sowie unser eigenes Nichtwissen. Aus Erkenntnis erwachsen immerzu neue Fragen, Neugier und Entdeckungslust. Menschlich sein heißt wissen wollen.

Wie wir mit Wissen umgehen können, prägt unseren Platz in der Welt.

Wir, die Menschen! Angesichts der menschlichen Vielfalt und auch der Ungleichheit zwischen und innerhalb von Gesellschaften erscheint es vermessen, diesen Plural zu formulieren. Ein moderner Humanismus bedeutet aber vor allem genau das: Wir

Menschen verfügen über die gleiche biologische Ausstattung. Wir fühlen, lieben und denken, machen uns Sorgen, wollen gut leben und vor allem auch mit anderen Menschen gut *zusammenleben*. Wenn es Vielfalt und Unterschiede gibt – in unseren Kulturen und unserem Denken – ist das Teil des Reichtums der Menschheit. Wenn es Ungleichheit gibt und Ungerechtigkeit, ist dies aber noch lange kein guter Grund dafür, Werte wie Menschlichkeit und die Idee von grundlegenden Menschenrechten und Menschenpflichten abzulehnen.

Vor allem aber eint uns die Schicksalsgemeinschaft auf diesem einen Planeten. Ist es nicht schlimm genug, dass in der Geschichte stets zwischen »uns« und »den anderen« unterschieden wurde?

Wir, die Menschen – dieser inklusive Ansatz des Humanismus bedeutet aber gleichzeitig, dass es eine differenzierte Verantwortung geben muss.

Wer mehr hat, gleich ob Wissen, Besitz, Macht, Sicherheit oder Lebenschancen, hat eine entsprechend größere Verantwortung dafür, dass es nicht dabei bleibt.

Mit der Natur
Welchen Platz wir in der Welt haben und was wir nicht können

Wir können uns aus der Natur denken, sie aber nicht verlassen. Wir können nur in und mit der Natur leben, nicht außerhalb von ihr oder gar gegen sie. Wir sind Ökosystem und beherrschen es nicht. Aber wir verändern es. Aus der Erkenntnis der menschlichen Wirkmächtigkeit erwächst Verantwortung.

Die biologische Evolution der Menschheit wurde durch eine kulturelle ergänzt und potenziert. Wir wandeln uns nicht allein auf biologische Weise, sondern vor allem auch in unseren Gedanken. Es wandelt und vermehrt sich das Wissen von Menschen und Menschheit.

Das Wissen über praktische Lösungen von vielerlei Lebensfragen materialisiert sich in Instrumenten und Werkzeugen, es wird Technologie. Wir erfinden Rezepte und Geräte für die Bewältigung von Aufgaben, die wir zum guten Teil erst selbst erdacht haben. Aus der menschenleeren Welt wurde längst eine volle Welt. Die größer werdende Zahl der Menschen auf der Erde, unser steigendes Lebensalter, das Wachstum unserer Bedürfnisse und Wünsche verlangen immer dringlicher nach neuen Technologien. Und die Existenz vieler dieser neuen Technologien schafft neue Probleme, die immer rascher weiterer Lösungen bedürfen. Das sich positiv rückkoppelnde Wachstum der Menschheit, unserer Wünsche und unserer Technologien hat uns in ein Zeitalter der großen Beschleunigung getrieben.

Das explosionsartig wachsende Wissen befähigt uns zur planvollen Gestaltung lokaler Lebensräume, zur Eroberung zuvor unbekannter Welten und zudem zum planlosen Entfesseln eines globalen Umweltwandels. Gemeinsam sind wir innerhalb von Jahrhunderten ungeahnt wirkmächtig geworden. Unsere kleinen lokalen Wirkungen treiben ebenso wie der globale Umweltwandel die Evolution des Lebens auf der Erde in neue Richtungen.

Wir benennen ein neues geologisches Zeitalter nach uns, weil wir so einflussreich geworden sind, wie es allenfalls geologische Kräfte oder astronomische Ereignisse waren: das Anthropozän.

Wir tun dies im Schaudern ob unserer eigenen Wirksamkeit. Und doch schwingt auch in diesem Begriff die menschliche Hybris mit, sich über die Natur zu erheben. Doch:

Der Mensch ist und bleibt als ein Produkt der natürlichen Evolution eine Komponente der Natur.

Menschliche Kooperativität und die kulturellen Begabungen, die aus der zwischenmenschlichen Interaktion entstehen, alle sozialen Systeme sowie deren Wirkungen sind somit Teil des natürlichen Geschehens.

Wenn eine Biene den Pollen zu der einen Blüte trägt und nicht zu der anderen, ist dies die natürliche Beeinflussung des Ganges der Evolution im Kleinen. Wenn Menschen eine Tierart durch Bejagung ausrotten oder mit einer Genschere genetische Manipulation betreiben, ist auch dies Naturgeschehen. Wenn wir uns radikal als biologisch-ökologisch wirksames Wesen betrachten – nicht anders als Bienen, Biber oder Blauwale – können wir nichts *falsch* machen. Die ergebnisoffene Evolution kennt weder *gut* noch *böse* – die Menschheit ist lediglich ein weiteres Experiment.

Alles menschliche Tun ist die Fortsetzung der Evolution mit anderen Mitteln.

Gut und *böse* sind eine Erfindung des sich selbst erkennenden und beurteilenden Menschen. Die Menschen erlernten, Artgenossen zu täuschen, entwickelten kriminelle Fähigkeiten genauso wie die Möglichkeiten, unlautere Absichten anderer zu erkennen und zu verurteilen. Was *gut* ist, hängt vom Kontext ab und wird fortlaufend hinterfragt und neu ausgehandelt. So gibt es keine absolute und zeitlos gültige Moral. Wir sind regelrecht gezwungen, unsere Handlungen zu bewerten, weil wir sie betrachten und über ihre Folgewirkungen nachdenken können. Die Folge ist der Verlust unserer Unschuld und die unumkehrbare Entstehung von Verantwortung.

Mit immer neuen Formen der Interaktion einer wachsenden Zahl diverser Menschen wuchs die Komplexität der sozialen Systeme ins Unermessliche. Dies führte auch dazu, dass uns die Auseinandersetzung mit Menschen und sozialen Systemen viel abverlangt. Es erfordert schon einiges an Aufmerksamkeit und Energie, in kleinen sozialen Gruppen wie etwa Familien seinen Platz zu finden und eine Rolle zu spielen. Das Wachstum von Menschheit, Mobilität und der technischen Möglichkeiten, sich mit immer mehr Individuen auszutauschen, zu vernetzen, sich zu streiten und zu mögen sowie simultan in diversen Gemeinschaften tätig zu werden, stimulieren unsere Entwicklung. Sie bedeuten größere Schaffens- und Wirkpotenziale, die Erfahrung von Selbstwirksamkeit und damit den Anreiz, noch mehr in die Interaktion mit Menschen zu investieren. Die Intensität der sozialen Interaktion und unser Wirken in den sozialen Netzwerken können allerdings zum Selbstzweck werden und in hohem Maße davon ablenken, dass wir nicht nur soziale Wesen sind, sondern auch biologisch bestimmte Mitglieder eines Ökosystems, welches wir beeinflussen. Im Zeitalter der Verstädterung und der Digitalisierung hat für einen bedeutenden Teil der Menschheit die direkte Naturerfahrung drastisch abgenommen.

Wir Menschen können uns »aus dem Ökosystem herausdenken«, aber das nützt uns nichts.

Es schadet vielmehr. Unsere gesteigerte Sozialität, die verstärkte Beschäftigung mit anderen Menschen und uns selbst sowie die technische Gestaltung unseres unmittelbaren Lebensraums bringen Naturvergessenheit hervor. Das ist dem Ökosystem egal. Wir allerdings sind dazu befähigt und verdammt, diese Vergessenheit als Problem zu erkennen und verantwortlich zu bewerten. Wir erkennen die *bösen* Folgen unseres Handelns – vor allem dann, wenn sie auf Menschen allgemein oder gar uns selbst zurückwirken.

Je mehr Folgewirkungen unser Leben hat, die eine große Zahl von Menschen als *schlecht* bewerten, desto größer ist die Motivation, *Gutes* zu tun. Entscheidend ist an dieser negativen Rückkopplung: Wir können uns darauf verständigen, was *gut* ist; wir können *gut* sein und zudem nach Besserung streben. Dies sind für unser Überleben essenzielle Fähigkeiten – solange sie nicht überschießen und dazu führen, dass wir uns berufen fühlen, nicht nur uns, sondern auch die Natur zu verbessern. Denn wir Menschen können zwar danach streben, die Natur zu beherrschen, aber wir können es nicht erreichen.

Funktion und Entwicklung des globalen Ökosystems folgen grundlegenden Gesetzen und Regeln, denen alle Lebewesen einschließlich der Menschen unterworfen sind, auch wenn unsere dem technologischen Fortschritt geschuldeten Allmachtsfantasien uns das häufig vergessen lassen.

Alle Regeln des globalen Ökosystems gelten auch für uns Menschen – uneingeschränkt und unveränderlich.

So wird Energie eben nicht neu geschaffen, sondern gewandelt, wobei ihre Qualität stetig abnimmt. Ebenso gilt, dass Leben stets eine emergente Eigenschaft komplexer Systeme ist. Diese Emergenz ist eine neuartige Qualität, die erst durch die Wechselwirkungen der Komponenten von Lebewesen und Ökosystemen zu Stande kommt.

Ebenso gern sprechen wir Menschen vom »ökologischen Gleichgewicht«. Doch das ist ein fundamentales Missverständnis im anthropozentrischen Weltbild:

Die Natur kennt kein Gleichgewicht und keinen Zustand der Harmonie.

Die das Leben bewirkenden Wechselwirkungen benötigen hochwertige Energie. Diese wird dem offenen Erdsystem stetig zugeführt, durch Lebewesen eingefangen, gespeichert und genutzt. Daraus entsteht eine flüchtige Ordnung, die durch permanente physikalische Arbeit aufrechterhalten werden muss. Dabei bedingen sich Energieverfügbarkeit, Arbeit und Arbeitsfähigkeit gegenseitig. Die Arbeitsfähigkeit des globalen Ökosystems hat im Laufe der ergebnisoffenen Evolution und durch wachsenden Energieumsatz der Lebewesen – auch nach Rückschlägen – zugenommen.

Das globale Ökosystem wächst und reift also permanent. Seine Funktionstüchtigkeit ist mit der Zunahme an Biomasse, Information und damit biologischer Vielfalt sowie dem Netzwerk aller Lebewesen gewachsen. Dieses quantitative und qualitative Wachstum benötigt Energie, Raum und Zeit.

Das Masse-Wachstum des Lebens auf der räumlich beschränkten Erde ist dabei aus physikalischen Gründen begrenzt; Bäume wachsen nicht in den Himmel, und in der Tiefsee ist es dunkel. Lebensressourcen wie Nährstoffe und Süßwasser sind natürlicherweise knapp. Im Rahmen dieser Grenzen verbessert das globale

Ökosystem sich ständig selbst. Dies geschieht zum Beispiel durch die Veränderung der Atmosphäre, durch die Fähigkeit, Wasser und Stoffe zu binden und in Kreisläufen zu führen, sowie durch Regulation und Pufferung jeglicher Umweltbedingungen.

Dabei haben sich ökologische Systeme als haushaltende Systeme in Richtung größerer Effizienz entwickelt und existieren nachhaltig nur innerhalb der physikalisch vorgegebenen Grenzen des Wachstums. Länger andauerndes quantitatives Wachstum einzelner Ökosystemkomponenten oder Ökosysteme kann deshalb ab einem bestimmten Punkt nur auf Kosten anderer erfolgen.

Dabei gilt in der Natur nicht *Hierarchie*, sondern *Holarchie*. Das heißt, dass alle natürlichen Systeme kleinere Teile umfassen und zugleich Teil eines größeren Ganzen sind. Aber die Großen bestimmen nicht einseitig über die Kleinen (wie in menschlichen Hierarchien). Veränderungen wirken sowohl vom Großen zum Kleinen, als auch vom Kleinen zum Großen. Einzelne Arten haben die Möglichkeit und die Funktion, beim Wachstum und bei der Reifung des globalen Ökosystems mitzuwirken und davon zu profitieren.

Wir Menschen als Teil dieses Ökosystems Erde sind all diesen Gesetzen unterworfen – und wir haben uns erfolgreich damit arrangiert. Wir haben gelernt, uns an die erstaunlichsten Umstände anzupassen und neue Lebensräume zu schaffen – zu Lande, zu Wasser und in der Luft. Wir haben uns in kürzester Zeit vermehrt, die Erde in Besitz genommen und unter uns aufgeteilt. Die Biomasse aller Menschen ist ungefähr zehnmal so groß wie diejenige der wildlebenden Säugetiere. Das von Menschen gehaltene Geflügel wiegt dreimal so viel wie alle wilden Vögel dieses Planeten. Wir haben gigantische Veränderungen bewirkt in den Wäldern und Wüsten, in den Ozeanen und in der Atmosphäre.

In der leeren Welt blieben viele menschliche Aktivitäten ohne Folge für das große Ganze – das ist nun anders. Die unvorstellbar große Zahl von bald 8 Milliarden Menschen potenziert die

Folgewirkungen des Handelns der Einzelnen. Rein rechnerisch blieben uns aktuell 1,6 Hektar bioproduktive Erdoberfläche pro Mensch – wenn nicht auch andere Arten exklusiven Platz für sich benötigten. Innerhalb einer menschlichen Lebensspanne hat sich diese verfügbare Fläche halbiert. Weiteres Wachstum von Menschenzahl, Konsum und Naturvernichtung bedeutet unvorstellbares menschliches Leid.

Wir haben die Welt gefüllt und verändert. Aber wir beherrschen sie nicht.

Wir haben uns Häuser gebaut, Schiffe und Flugzeuge, aber wir können weder Erdbeben noch Stürme stoppen. Alles vom Menschen Geschaffene und Gebaute wiegt inzwischen mehr als sämtliche lebende Biomasse auf der Erde, doch wir können uns nicht von Beton ernähren. Wir können Jahrmillionen alte fossile Energieträger zu Tage fördern und verbrennen, aber keine solchen Lagerstätten in gleichem Ausmaß neu aufbauen. Wir können Atomkerne spalten, aber Radioaktivität nicht vernichten. Wir stauen und begradigen Flüsse, bauen Kanäle und bringen Wolken zum Abregnen – aber wir machen kein Wasser. Wir schaffen genmanipulierte Organismen, können aber in vielen Fällen das Aussterben von Tier- und Pflanzenarten nicht verhindern. Wir bestimmen nur bei einem geringfügigen Teil der Tiere und Pflanzen, welche Individuen sich miteinander fortpflanzen. Wir können Mutationen auslösen, aber keine verhindern. Wir können uns gegen viele Krankheiten impfen, aber haben das Auftreten neuer Krankheitserreger nicht in der Hand. Nur weil wir theoretische Zukünfte erdenken und mehr oder weniger komplexe Modelle entwickeln können, bestimmen wir nicht die Interaktionen aller heutigen und zukünftigen Lebewesen.

Es ist eine Herausforderung, bei allen technologischen Möglichkeiten und Erfolgen nicht Allmachtsfantasien zu erliegen. Wir haben größte Schwierigkeiten, das Machbare nicht zu machen und die Unmöglichkeit von Wünschenswertem hinzunehmen. Zu den menschlichen Schwächen gehören Maßlosigkeit und Unbescheidenheit. Sie sind selten die Eltern manch überraschender Erfolge, oftmals allerdings Grund eklatanten Scheiterns.

Wir Menschen sehen uns inzwischen als große Baumeister oder Baumeisterinnen, Ingenieure oder Ingenieurinnen und Steuerleute, überschätzen jedoch regelmäßig den Aufwand und die realen Kosten selbst kleiner Managementmaßnahmen. Vor allem vergessen wir allzu leicht die unersetzlichen Leistungen der Natur, die mehr oder weniger im Verborgenen für unsere Existenz und unser Wohlergehen sorgen.

Inzwischen sind diese durch die Wissenschaft als versorgende, regulierende und kulturelle Ökosystemleistungen klassifiziert und beschrieben worden. Wir sind auf diesem Planeten entstanden und zahlreich geworden, weil es das globale Ökosystem gibt, in dem weitaus mehr als Nahrung, Baustoffe, Klimaregulation, Schutz vor Erosion oder sauberes Trinkwasser bereitgestellt wird. Es wäre ein folgenschwerer Irrtum, wenn wir glaubten, wir könnten auf all dies verzichten, nur weil eines Tages eine Handvoll Menschen auf den Mars fliegen wird.

Die größte zivilisatorische Leistung wird wohl sein, die naturbasierten Lösungen unserer existenziellen Probleme wertzuschätzen und in den Mittelpunkt unserer Entwicklungsbemühungen zu stellen. Natur kennt kein *gut* oder *böse*, aber Natur ist *gut* für uns Menschen. Zu Beginn des 21. Jahrhunderts wird deutlich, dass das Ignorieren der Natur oder gar das Arbeiten gegen die Natur in eine humanitäre Katastrophe führen wird.

Das Naturwesen Mensch kann nur in und mit der Natur leben – eine einfache und zugleich eine revolutionäre Erkenntnis.

Für die Menschen
Menschlichkeit und Menschenwürde sind unverhandelbar

Menschlichkeit und Menschenwürde sind universell. Sie sind die Grundlage zukunftsfähiger Gesellschaften und nicht verhandelbar. Wirklich *Gutes Leben*, das den Menschen ermöglicht, glücklich zu sein, ihr Potenzial zu erkennen und es zu entfalten, sich für andere und das größere Ganze einsetzen zu können, kann nur gelingen, wenn die Gesellschaften *gut* sind.

Wir Menschen haben viel erlebt und erreicht. Dies stachelt unsere Motivation an, das Mehr, Weiter und Schneller zu erträumen und anzustreben. Entsprechend vergrößern wir fortwährend unsere Optionen, das Neue und Andere verwirklichen zu können, und nennen dies Entwicklung. Das Suchen und Entdecken wurde zu einem Leitmotiv der menschlichen Geschichte. Das emsige Streben nach dem Blick hinter den Horizont hat der Menschheit erlaubt, die gesamte Erde zu besiedeln und zuvor unerkannte Ressourcen für die Steigerung der Lebensqualität zu mobilisieren.

Die Nutzung eines immer größeren Teils der in den Ökosystemen gespeicherten fossilen Energie erlaubt dem privilegierten Teil der aktuellen Menschheit in einem historisch einmaligen Ausmaß, Wünsche zu befriedigen. Dabei sind sie (zumindest theoretisch) unabhängig von den natürlicherweise an einem Ort zur Verfügung stehenden Ressourcen.

Das, was wir Fortschritt nennen, bedeutet vor allem, sich von den Fesseln der lokalen Ökosysteme zu befreien und damit auch unmittelbare Lebensrisiken zu reduzieren, die Menschen über Jahrtausende plagten. Wir vervielfachen – allerdings nur für wenige von uns – die Möglichkeiten der Wahl.

Die Freiheit der Wahl ist ein hohes Gut, aber kein Garant des Glückes.

Sie kann auch ablenken vom wirklich Wichtigen und *Richtigen*. Wir tun oftmals eher das, was wir wählen können – und nicht das, was wir tun sollten. Was aber ist das Wichtige und Richtige? Die Antwort kann sich einzig aus den Fragen ergeben, wer wir sind, warum wir sind, was wir sind, was wir können oder auch nicht können und welchen Platz wir in der Welt haben.

Wir sind ein Wesen, das eine abhängige Komponente eines komplexen Naturgefüges ist, das wir nicht beherrschen und nach Belieben steuern können. Da wir es nicht können, sollten wir allerdings auch nicht anstreben, die Natur zu beherrschen.

Wir existieren, weil wir Menschen von der Natur, dem globalen Ökosystem, mit Energie, Nährstoffen, Wasser, Schutz und anderen Quellen von Wohlergehen versorgt werden. Also sollten wir nicht das zerstören, was uns trägt, sondern vielmehr bewahren, was uns erhält.

So banal die Feststellung ist, dass die Natur auch ohne uns ist und sein wird und uns nicht braucht, so konsequent ist die logische Schlussfolgerung, dass es deshalb keines Naturschutzes bedarf – sondern vielmehr eines ökosystembasierten Menschenschutzes. Wer »Naturschutz« denkt, denkt in anthropozentrischen Allmachtskategorien.

Wir können Natur weder schützen noch pflegen oder reparieren.

Und wir müssen es auch nicht. Wir können – und müssen – uns allerdings so verhalten, dass wir naturkompatibel sind. Tun wir es nicht, wird die Natur sich unserer Spezies entledigen.

Naturschutz und Weltrettung: Diese grundfalsche anthropozentrische Sicht auf die Welt wird uns glücklicherweise zunehmend durch unsere eigene Erkenntnis erschwert. Wir sind ein Tier, Produkt der Evolution und abhängige Komponente im globalen Ökosystem. Wir stehen nicht im Mittelpunkt der Welt. Die Naturwissenschaften ließen das Universum wachsen und schrumpften unsere Bedeutung. Die Sonne dreht sich nicht um die Erde und ist selbst nur eine von mindestens 100 Milliarden Sternen in unserer Galaxie, die wiederum nur eine von vermutlich einer Billion Galaxien im Universum ist.

Dieses Wissen beschert uns Kränkungen aller Art, von denen Sigmund Freud eine kosmologische, eine biologische und eine psychologische beschrieb. Wir können sie ignorieren, wir können sie aber auch verarbeiten. Dann erkennen wir, dass wir ein interessantes und relevantes Phänomen im Universum sind, soweit es uns bekannt ist – die einzigen das größere Ganze erahnenden Lebewesen auf dem einzigen Planeten, auf dem wir Leben nachweisen konnten. Aber diese vermeintliche Relevanz speist sich, objektiv betrachtet, wesentlich aus unserer umfassenden Unkenntnis des Universums und aus unserer Selbstwahrnehmung. Die Plausibilität ist groß, dass es viele weitere Planeten mit Leben geben könnte. Angesichts der astronomischen Entfernungen im Weltall und der für Menschenleben erschreckend langen Zeiträume und gewaltigen Energiemengen, die es bräuchte, durch unsere Galaxie zu reisen, stellen wir ernüchtert fest, wie allein wir sind.

Es gilt: Wir können uns in andere Galaxien denken und darüber fantasieren, wie es sich wohl anfühlen müsste, in einem schwarzen Loch zu versinken, aber menschliche Individuen werden unser Sonnensystem nicht verlassen können.

Auf unserer Erde machen wir nun einiges her, aber unsere Existenz ist für den Gang der Dinge schon auf dem Erdenmond praktisch belanglos.

So richtig wichtig sind wir vor allem für uns selbst.

Das ist Grund genug, uns und Unseresgleichen sowie unsere Lebensgrundlagen mit gebührendem Respekt zu achten.

Wir sind die Mitte – zwar nicht des Universums, aber subjektiv sind wir die Mitte unserer Welt, der Mittelpunkt von allem, was wir erkennen können. So bedeutet eine anthropozentrische Weltsicht zunächst einmal nichts anderes als Realismus.

Uns im Mittelpunkt dieses unermesslich großen und unerreichbaren Kosmos zu erkennen, der von uns keine Notiz nehmen will, gibt wenig Anlass für Selbstüberschätzung und Übermut. Vielmehr erwachsen aus dieser Einsicht sinnvollerweise Demut und die Bereitschaft, uns so in den Mittelpunkt zu stellen, dass auch unser Handeln von dieser Erkenntnis geprägt ist.

Ein gelungenes Leben ist großartig. Wir können Freude empfinden, am Leben an sich, am Lernen und Arbeiten, an Musik und Kunst, am Weltbeobachten und am Nachdenken über die Freude. Es sind nur wir Menschen, die wir uns selbst großartig finden können, also sollten wir uns allesamt auch so behandeln, als seien wir großartig.

Was macht uns nun so großartig?

Ist es die Fähigkeit, eine Raumstation in der erdnahen Umlaufbahn zu betreiben? Sind es das weltumspannende Straßennetz, unsere Baukunst, kilometerhohe Gebäude erst zu entwerfen und dann zu verwirklichen, oder die Macht, in unseren Wohnungen und Städten dank elektrischem Licht die Nacht zum Tag zu machen? Ist es die Erfindung der Informationstechnologie, die eine explosionsartig wachsende Menschheit mittels immer schnellerer Medien zusammenbringt und Nachrichten in Echtzeit um den Erdball schicken lässt? Am Ende ist nichts davon relevant für die entscheidende Herausforderung.

Fragt man die Individuen, geht es im Wesentlichen darum, Zugang zu Wohlergehen zu haben – neben den biologischen Grundbedürfnissen brauchen wir vor allem Anerkennung im sozialen Gefüge und Zuneigung. Wir wollen gesehen, geachtet und vermisst werden. Wir wollen staunen, erkennen und lernen – und darüber sprechen. Das gilt für jeden von uns. Eine Erkenntnis ist selbst den klügsten Wissenschaftlern und Wissenschaftlerinnen nicht viel wert, wenn sie sie nicht mitteilen können. Nach aller kulturellen Evolution und technologischen Innovation werden auch die neuen informationstechnologischen Ressourcen im Wesentlichen zum Mitteilen, Plaudern, Lästern, Schimpfen und Anerkennen beziehungsweise *Liken* genutzt.

Wir sind soziale Wesen. Das miteinander Reden, Denken, Planen, Abstimmen, Lernen und Handeln hat die Menschheit überlebensfähig und groß gemacht.

Ein angemessen anthropozentrisches Weltbild ist immer ein soziales, nie ein egoistisches.

Das speziell Menschliche ist eben die ausgeprägte und bewusste Kooperativität. Kooperation ist eine Schlüsseleigenschaft in funktionstüchtigen komplexen lebenden Systemen, die im Laufe der biologischen und ökologischen Evolution stetig an Bedeutung gewonnen hat. Durch die unbewusste und vor allem auch die bewusste Kooperation von Organismen steigert sich das Potenzial der dabei entstehenden komplexen Systeme. Aus der Kooperation entstehen wichtige emergente Eigenschaften in diesen Systemen, die sie stärker machen. Sie verleihen uns als vergleichbar bescheiden ausgestatteten Individuen die ungeahnte Kraft der Gruppe.

Ausgeprägt soziale Lebewesen sind im Tierreich mehrfach und unabhängig voneinander entstanden, unter anderem bei den Primaten, zu denen wir Menschen gehören. Am Beispiel des Menschen wird die Macht der sozialen Emergenz besonders augenfällig. Als nackter und weitgehend wehrloser Affe ist ein menschliches Individuum überaus verwundbar und schwach. In sozialen und kulturellen Gemeinschaften baut dieser Affe inzwischen nicht nur Kathedralen, sondern auch Atombomben und Raumstationen.

In der menschlichen Evolution waren Umweltveränderungen, die Entstehung des aufrechten Ganges und das Wachstum des Gehirns als Sitz zunehmender Intelligenz von entscheidender Bedeutung. Das Wachstum unserer Klugheit hatte einen Preis: Die frühe Geburt sehr unreifer Babys, deren immer größere Köpfe kaum mehr durch den Geburtskanal der aufrecht laufenden Mütter passen, bedingten eine lange Kindheit. Ein großer Teil unserer Gehirnentwicklung kann deshalb erst nach der Geburt erfolgen. Deshalb wurden verstärkte Familienbande notwendig, um das erfolgreiche Aufziehen des jahrelang ziemlich hilflosen, nur sehr langsam erwachsen werdenden Nachwuchses sicherzustellen. Enge und lang anhaltende Bindungen in der Familie, wachsende Intelligenz und Kooperation, die dank der sprachlichen Kommunikation in völlig neue Dimensionen vorstieß, wurden zu den Garanten des menschlichen Erfolgs.

Menschwerdung bedeutete nicht allein Wachstum von Intelligenz, sondern vor allem auch die Zunahme von emotionalen Fähigkeiten.

Das wird zuweilen unterschätzt. Es brauchte einen sozialen Kitt, der Partner und Familienmitglieder für lange Zeit aneinander bindet, um gemeinsam den Nachwuchs großzuziehen. Liebe und andere Emotionen sind notwendiges Ergebnis der Evolution. Der Befund, dass Liebe auf der Grundlage von neuronalen und biochemischen Prozessen erklärbar ist, mag überaus unromantisch wirken, reduziert aber keineswegs die Großartigkeit und Macht des Gefühls. Kompliziert wird es dadurch, dass wir Gefühle nicht nur haben, sondern gleichzeitig dazu begabt beziehungsweise verdammt sind, rational über sie nachzudenken. Dies ist eine Quelle potenzieller Zerrissenheit und die Erklärung dafür, dass Liebe der Stoff ist, aus dem Glück und Unglück gemacht sein können.

Menschen sind komplexe Wesen, ihre Überlegungen und Handlungen werden von unterschiedlichen Impulsen bestimmt, wobei nicht nur Gedanken miteinander wechselwirken können, sondern diese auch durch Gefühle (für andere) beeinflusst werden. Oder die Gefühle beeinflussen wiederum die Gedanken. Da wir unsere Gefühle und Handlungen in sozialen Gruppen ausleben, die durch einzelne Mitglieder funktionstüchtiger gemacht oder auch zerstört werden können, entstand die Notwendigkeit der normativen Bewertung. Wir beurteilen eigene Handlungen als gut oder böse, je nachdem auf welcher moralischen Grundlage wir gelernt haben zu denken. Und das Ergebnis dieser moralischen Bewertung unser selbst kann uns traurig oder glücklich machen.

Die engen Bindungen zwischen Familienmitgliedern, in Kombination mit der Befähigung, intensiv über diese Liebe nachzudenken und sie durch eigene Handlungen sogar noch zu verstärken, sind genauso typisch menschlich wie die Fähigkeit, diese Liebe auf andere Menschen und Lebewesen zu übertragen. Es ist viel darüber nachgedacht und geschrieben worden, ob die Menschen wahrhaftig zu Altruismus, also zu selbstloser Kooperation befähigt sind. Zum einen zahlt sich soziales Engagement in der Regel durch eine erhöhte Anerkennung in der Gruppe und einen verbesserten Zugang zu Ressourcen aus. Hilfsbereitschaft kann unerhört nützlich sein. Zum anderen aber können Menschen – wenn sie geliebt werden und deshalb glücklich sind – praktisch bedingungslos lieben. Dann sind sie auf Grundlage dieses Gefühls zu den erstaunlichsten Taten in der Lage. Grundsätzlich können anderen Menschen entgegengebrachte Liebe und Hilfe sowie gute Taten glücklich und lebensfähiger machen. Menschenliebe und Menschlichkeit sind also Empfindungen, die nicht allein als sozialer Kitt soziale Gemeinschaften stützen, sondern auch das eigene *Gute Leben* gelingen lassen.

Wir Menschen werden nicht nur hormondurchflutet von der unmittelbaren Liebe zu den Allernächsten getrieben, sondern können auch mit uns persönlich Unbekannten mitfühlen und mitleiden beziehungsweise für sie Sympathie hegen. Die menschliche Befähigung zu Empathie, Selbstreflexion und Abstraktion lässt in Kombination – unter günstigen Umständen – in uns eine universelle Menschenliebe entstehen und damit das Konzept von *Menschenwürde*.

Das Widersprüchliche und Aufreibende am Menschsein ist die Tatsache, dass diese Gefühle vor allem kulturelle Errungenschaften darstellen. Wir Menschen sind eben nicht nur, was wir als biologisch programmierte Wesen sind, sondern vor allem auch das, was wir in den sozialen Gemeinschaften aus dem genetischen Potenzial entwickeln. Wenn wir unter günstigen Umständen aufwachsen und in den rechten Momenten auf die *richtige* Weise sowohl emotional als auch rational beeinflusst werden, können wir das *Gute* in uns entfalten.

Wir Menschen können gut sein: gut für uns, für die anderen und für unsere Umwelt.

Ein Blick ins Geschichtsbuch und die täglichen Nachrichten lehren uns, dass uns die universelle und bedingungslose Liebe zu allen Menschen nicht einfach in die Wiege gelegt wird. Auch das Konzept der Menschenwürde verstand sich nicht in allen historischen Kontexten von selbst. Vielmehr sind Hass und Aggressivität ebenso menschlich wie Liebe und soziales Verhalten. Auch diese destruktiven Gefühle sind in uns biologisch angelegt und ein altes Erbe unserer Primatenverwandtschaft.

Zwei uns genetisch nahe stehende Arten, mit denen wir gemeinsame Vorfahren teilen, die Schimpansen und die Bonobos, pflegen bekanntermaßen zwei reichlich unterschiedliche Varianten des innerartlichen Umgangs. Die Bonobos gehen überwiegend freundlich und liebevoll miteinander um und lösen Probleme mit ausgeprägtem Sexualverhalten. Sie leben in eher matriarchalisch organisierten Gruppen, und der Status der Männchen scheint wesentlich vom Rang der Mutter beeinflusst zu werden. Bei den Schimpansen wiederum sind körperlich starke Männchen die Anführer. Konflikte führen regelmäßig zu Kämpfen, Individuen aus fremden Gruppen werden häufig sehr aggressiv angegriffen. Absichtsvoll organisierte, kriegsartige Überfälle auf andere Gruppen, bei denen Artgenossen gezielt getötet werden, erinnern an ein Verhalten, das sonst nur von Menschen bekannt ist.

Die Evolution hat uns Menschen auf einen Mittelweg getrieben, eine Gratwanderung zwischen aufopferungsvoller Liebe und bewusster Grausamkeit. Wir sind weder Bonobo noch Schimpanse. Menschen können Pazifisten werden oder Massenmörder, sozial oder asozial und manchmal sogar (zeitgleich oder nacheinander) beides – eine unter allen Lebewesen einzigartige Bandbreite. Unsere Gabe zur Selbstreflexion macht die innere Zerrissenheit und die Auseinandersetzung von *Gut* und *Böse* in uns zu einer lebensprägenden Erfahrung. Diese Zerrissenheit ist deshalb Quelle diverser Kulturpraktiken, Stimulans der Kunst und vielerlei religiöser Vorstellungen.

Für den Einzelnen kann die potenzielle Widersprüchlichkeit

der eigenen Gefühle und Handlungen schier unerträglich werden und ist idealerweise ein Treiber der persönlichen Reifung. Im Rahmen der biologischen Evolution war die Mischung bislang offenkundig ein Erfolgsrezept. Unsere individuelle Befähigung zu Selbstbewusstsein, Selbstüberschätzung, Aggression und Machtgelüsten, zu Freundlichkeit, Selbstzweifeln und ergebener Unterordnung sind eine wesentliche Grundbedingung für funktionierende, hierarchisch organisierte soziale Systeme. Welche Anlagen stärker entfaltet werden, hängt von den Umständen ab und insbesondere von der das Individuum erziehenden Gruppe.

Die emotional-soziale Formbarkeit von uns Menschen macht uns sehr anpassungfähig. Zu allen Zeiten und in verschiedenen Kulturen waren Menschen in der Lage, Gewalt als gesellschaftliches Normal hinzunehmen. Menschliche Gesellschaften konnten große Teile des Planeten besiedeln, weil es eine scheinbar legitime Überlebensstrategie war, marodierend auf fremden Territorien Ressourcen zu rauben. Machthunger und Kriegslist gewaltbereiter Anführer haben der menschlichen Geschichte und der gesamten kulturellen Evolution ihren Stempel aufgedrückt. Aber mit steigender Bevölkerungsdichte und vor allem mit Entwicklung der städtischen Kultur gelang eine bemerkenswerte Selbstzähmung. Das individuelle Risiko, von Menschenhand zu Tode zu kommen, ist heute auf der vollen Erde weitaus geringer als in früheren Jahrhunderten oder Jahrtausenden, als weitaus weniger Menschen lebten.

Die Zähmung der grundsätzlich gewaltbereiten Menschen durch die Gesellschaft und das Zutagefördern der Fähigkeit, andere Menschen lieben und achten zu können sowie sich für ihre Rechte einzusetzen, ist Zivilisation.

Um die Zivilisation zu erhalten, braucht es Polizisten, Richter und Gefängniswärter, aber mit diesen lässt sich auch ein Unrechtsstaat verwalten.

Zivilisation heißt deshalb nicht vorrangig, Regeln durchzusetzen, sondern Menschen zu zeigen, was *gut* ist und sie darin zu bestärken, *gut* zu sein. Es geht darum, Menschen lieben und achten zu lehren, eine menschenfreundliche Haltung einzunehmen.

Menschenliebe und Respekt vor der Menschenwürde müssen erlernt werden.

Sie sind eben nicht naturgegebene Intuition und sie sind nicht notwendigerweise dauerhaft. Kein Mensch ist davor gefeit, im Kampf mit der eigenen Zerrissenheit zu unterliegen und gegen eigene Prinzipien zu verstoßen. Deshalb ist es so wichtig, dass Gesellschaften sich darum kümmern, die Zivilisation zu pflegen und Menschen darin zu bestärken, menschenfreundlich zu fühlen, zu denken und zu handeln. Traditionell fällt diese Rolle den religiösen Institutionen zu, welche der Aufgabe mehr oder weniger effektiv nachkommen. In säkularisierten und stärker wissensbasierten Gesellschaften – und zum Teil parallel zur Anwendung von religiös geprägten Werteordnungen – bemühte man sich um alternative Ansätze, das Menschsein als Haltung zu entwickeln, die Menschlichkeit zu pflegen und zu fördern.

Das ist *Humanismus* im Kern seiner begrifflichen Bedeutung und jenseits aller historischen Spielarten und der verschiedenen Wege zum Ziel: die Weltanschauung, welche Menschlichkeit und Menschenwürde in den Mittelpunkt stellt.

Menschlichkeit und Menschenwürde können nur von Menschen gefühlt und geachtet werden. Wir erkennen die Menschenwürde aller heute lebenden Mitmenschen und auch diejenige zukünftiger Generationen, und aus dieser Erkenntnis erwächst eine Verantwortung, die wir übernehmen müssen.

Menschlichkeit und Menschenwürde sind als Grundlage zukunftsfähiger Gesellschaften nicht verhandelbar. Wirklich *Gutes*

Leben, das den Menschen ermöglicht, glücklich zu sein, ihr Potenzial zu erkennen und es zu entfalten, sich für andere und das größere Ganze einzusetzen, kann nur gelingen, wenn die Gesellschaften *gut* sind. Gute Gesellschaften sind solche, in denen der Zugang zu den Ressourcen des Glücks gerecht allen offen steht und in denen Menschen die Haltung der Menschlichkeit erlernen und bewahren können. Gute menschliche Gesellschaften stärken sich rückkoppelnd durch die Ermöglichung eines Guten Lebens, guter Haltung und guter Taten.

Darum geht es in guten und gerechten Gesellschaften: gute Menschen hervorbringen, die ein Gutes Leben anstreben, für sich und für andere, und die gute und gerechte Gesellschaften erhalten.

In der Natur
Natur ist eine unverzichtbare Quelle von Menschlichkeit, doch diese ist nicht naturgegeben

Wir sind ein Produkt der Natur, nicht ihr Herrscher, Erfinder, Gestalter oder Beschützer. All diese falschen Bilder sind ein Produkt falschen Denkens. Es geht vom Menschen aus – und stellt ihn in den Mittelpunkt. Doch damit fehlt ihm letztlich die Richtung.

Wir müssen dieses Denken vom Kopf auf die Füße stellen. Die Natur ist der Ursprung, sie ist die Quelle allen Lebens, sie muss deshalb auch der Ausgangspunkt unseres Denken sein. Natur ist, was uns hervorgebracht hat, unser Lebensraum, der uns die Lebensbedingungen diktiert und uns gesund erhält, es ist, was uns inspiriert, und das, wozu wir werden, wenn wir nicht mehr sind. Dies gilt für die einzelnen Individuen und Gesellschaften genauso wie für die gesamte Menschheit, unsere Art *Homo sapiens*.

Natur ist unsere Existenz, und Natur wird noch nach uns sein.

Das globale Ökosystem ist nicht ein großer Supermarkt, in dem wir uns zur Befriedigung unserer Bedürfnisse eindecken. Es ist ein Kerngedanke der Nachhaltigkeit, dass gegenwärtige und zukünftige Generationen einen fairen Zugang zu Ressourcen und Lebenschancen haben sollen. Keine Generation darf sich anmaßen, auf Kosten anderer kurzfristige Vorteile zu erlangen. Es kann keine soziale Gerechtigkeit geben ohne einen gerechten Umgang mit den Naturressourcen. Nachhaltigkeit kann und darf allerdings nicht rein utilitaristisch verstanden werden im Sinne der nachhaltigen Bewirtschaftung eines Warenlagers. Intuitiv ist uns das auch weitgehend klar.

Menschen sind *biophil*, sie lieben Leben. Es handelt sich um eine weitere Facette unserer Widersprüchlichkeit und Zerrissenheit. Unsere Fähigkeiten zur Abstraktion und Selbstreflexion sowie unser Bewusstsein für die eigene Sterblichkeit machen uns das Leben schwerer und auch das Töten. Unsere Empathie, unser Mitgefühl für andere Menschen, unsere Menschlichkeit kann sich auch auf nichtmenschliches Leben beziehen. Wir können den Wert und die Würde des Lebens an sich erkennen, und es kann uns glücklich machen, Leben zu retten oder zu stiften.

Die Gabe, sich auf andere Organismen empathisch einzulassen und uns mit ihnen zu befreunden, mag eine Grundlage für die Domestikation bestimmter Tierarten wie etwa Hunden und Katzen gewesen sein. Das Gärtnern, die Vogelbeobachtung oder die Naturfotografie sind Facetten des modernen Lebens vieler Menschen, die nicht mehr zum Nahrungserwerb oder zu Unterhaltszwecken gezwungen sind, in und mit der Natur zu arbeiten.

Unsere Liebe zur Natur und zu organischen Formen geht so weit, dass wir uns selbst in den künstlichsten von uns geschaffenen Umwelten mit Naturelementen wie Aquarien, Zimmerpflanzen oder Naturbildern umgeben. Die Aussicht auf Natur und Naturgeräusche verbessert den Gesundheitszustand beziehungsweise erleichtert die Erholung nach physischem oder psychischem Stress. Je grüner bestimmte Stadtbezirke, desto gesünder scheinen die Menschen zu sein. Ein grünes Wohnumfeld reduziert die Sterblichkeit. Die Erfahrung von grüner Natur senkt das Risiko, an Depressionen zu leiden und fördert die kognitive Entwicklung von Schulkindern. Selbst Naturimitate wie etwa Plastikblumen oder

Plüschtiere vermögen unser Bedürfnis nach Kontakt zu Natürlichem zu stillen. Letztlich kann die Beschäftigung mit der Natur rein virtuell sein – etwa durch den Konsum von Naturbüchern oder -filmen. Allerdings stimuliert sie vermutlich eher die Sehnsucht nach echter Natur. In Zeiten von Ausgangs- und Reisebeschränkungen scheint das Interesse an Waldspaziergängen und kultureller Beschäftigung mit Natur zuzunehmen. In den urbanen Kulturen des digitalen Zeitalters floriert die neue Kulturpraxis des Waldbadens.

Unsere Biophilie ist vielschichtig motiviert und zeitigt gegensätzliche Konsequenzen. So gibt es selbstlose Bemühungen, Natur um ihrer selbst willen zu erhalten, was im extremen Fall zu asozialem Naturschutz führen kann, wenn nämlich Menschen dafür gehasst oder gar getötet werden, weil sie in die Natur eingreifen. Ein unmenschlicher Schutz der Natur vor dem Menschen wird nicht gelingen, und er kann nicht richtig sein.

Wir als soziales Naturwesen können die Menschlichkeit nicht für ökologische Ziele opfern. Und wir müssen es auch nicht.

Soziale Verantwortung ist nicht zu trennen von der ökologischen, aber soziale Gerechtigkeit kann nur mit und in der Natur gelingen.

Wir widersprüchlichen Wesen sind dazu verdammt, auch unsere im Ansatz guten Neigungen zu reflektieren. Selbst die Lebensliebe, die Biophilie, kann in unserer Neigung gipfeln, Natur formen, bauen und beherrschen zu wollen. Das hat uns, unserem Überleben und Wohlergehen gedient, solange wir auf kleiner Skala operierten. Kleine Eingriffe in die Ökosysteme, das Anlegen von Waldgärten und die Beschäftigung mit anderen Organismen haben uns gesund und satt erhalten. Einen Garten anzulegen und zu bewahren, gehört zu den menschlichsten und menschenfreundlichsten Kulturleistungen. Doch nur die Dosis macht, dass etwas nicht Gift ist. Tiere können förmlich zu Tode geliebt werden, etwa indem chronisch kranke oder abstruse, kaum lebenstüchtige Formen gezüchtet werden. Sammelleidenschaft und der innige Wunsch, spezielle seltene Tier- und Pflanzenarten zu erhalten, kann zum Erlöschen von wilden Populationen in der Natur führen. Wir lieben Kakteen, Tillandsien und Orchideen, aber sie sollen uns in unserem Lebensumfeld erfreuen – ob sie in ihrem Ökosystem überleben, scheint vielen weniger wichtig zu sein.

Die Liebe zu allem Lebenden, die Biophilie, ist tief in unserem Menschsein verwurzelt, aber es braucht Menschlichkeit, sie in die richtige Richtung wirken zu lassen.

Natur ist eine wichtige Quelle dafür, dass wir zu empathischen und guten Mitgliedern im globalen Ökosystem und in menschlichen Gesellschaften werden können. Allerdings sind weder unsere Menschlichkeit noch die der Natur zuträgliche Biophilie naturgegeben. Vielmehr handelt es sich um Eigenschaften, die sich entfalten können, wenn Menschen die richtigen Impulse bekommen.

Menschlichkeit ist erlernbar, aber ohne die Lehrerin Natur werden wir das Lernziel verfehlen.

Die längste Zeit ihrer Evolution haben die Menschen – ganz nebenbei und rein intuitiv – von und mit der Natur gelernt. Die Prüfungen erfolgten in den Fächern »Ein Teil des großen Ganzen sein« sowie »Leben und leben lassen«. Zu idealerweise erworbenen Kompetenzen gehörten Respekt vor dem Leben und die Fähigkeit, bescheiden glücklich zu sein, ohne sich zu wichtig zu nehmen und gar über die Natur zu stellen. Aber dann hat die willenlose und ergebnisoffene Natur das Experiment begonnen, dass Menschen sich überlegen und *unnatürlich beziehungsweise gar übernatürlich* fühlen konnten. Diese Attitüde hat Menschen erfolgreich gemacht, aber letztlich auch selbstschädlich und in der Folge nachdenklich. Die Abschlussprüfung der kulturellen Evolution wird nunmehr die Aufgabe sein, Menschen zu befähigen, die eigenen Möglichkeiten einzuhegen und zu begrenzen sowie gezielt jene Eigenschaften zu fördern, die uns zukunftsfähig machen.

Es mutet fortschrittsfeindlich und kulturpessimistisch an: Nach aller Aufklärung, nach Jahrhunderten der Entdeckungen und Erfindungen geht es um ein *Zurück zur Natur*. Allerdings nicht im Sinne einer romantischen Verklärung der Vergangenheit. Wir leben nun einmal in der vollen Welt, der Weg zurück in die Höhlen und auf die Bäume ist versperrt – und er wäre auch im Sinne des Gebots der verantwortlichen Menschlichkeit keine Option.

Wir müssen unsere Menschlichkeit in die Natur zurückbringen, ohne die sie gar nicht wahrhaftig sein kann.

Wir müssen lernen, die Menschen selbstbewusst zum Mittelpunkt unserer Bemühungen zu machen und dabei zu erreichen, dass wir die Großartigkeit des Menschseins erfahren können, ohne unsere Lebensgrundlagen zu zerstören. Deshalb müssen wir uns zudem stärker mit der Natur des Menschen beschäftigen, die beide Anlagen umfasst – jene für das Gute und für das Böse.

Die unbequeme Erkenntnis ist, dass Menschlichkeit und Existenz auf dem Spiel stehen, wenn wir nur einem Teil der Triebkräfte unseres Strebens nachgeben, nämlich dem Wunsch nach Befriedigung aller Bedürfnisse und Wünsche sowie nach Erlangung der absoluten Freiheit von Zwängen aller Art. Die Menschen nur noch als Konsumenten und Konsumentinnen über ihre Bedürfnisse und Wünsche zu definieren sowie die Entwicklung der Menschheit der Entfaltung eines freien Marktgeschehens zu überlassen, sind die zentralen Betriebsfehler der globalisierten Gesellschaft.

Das Gegen- und Umsteuern könnte auf der Grundlage ökohumanistischer Werte gelingen. Aber wir müssen uns vor dem fatalen Missverständnis hüten, neue und bessere Menschen könnten gebaut und gebildet werden.

Ökohumanismus bedeutet eben auch Respekt vor komplexen und subtilen System-Prozessen, die gute Menschen, Gutes Leben und gute Gesellschaften auf unvorhersehbaren Wegen inmitten raschen Wandels entstehen lassen.

Menschlichkeit muss immer wieder durch Ermächtigung von Menschen neu geschaffen werden. Diesen Prozess können wir weder delegieren noch digitalisieren.

Menschlichkeit gelingt nur durch das Wirken von Menschen mit der Natur für den Menschen in der Natur.

Aber das haben wir fast vergessen – in diesem Zeitalter der Großen Vergessenheit.

DIE GROSSE

VERGESSENHEIT

Das 20. Jahrhundert war geprägt von Kriegen zwischen den Menschen. Zwei Welt- und hunderte Regionalkriege brachten unvorstellbares Leid über große Teile der Menschheit. Die Zahl der gewaltsam Getöteten und an Kriegsfolgen Gestorbenen war größer als die gesamte lebende Weltbevölkerung zur Zeit der Kreuzzüge.

Die meisten Menschen erlebten im vergangenen Jahrhundert mindestens einen, oft sogar mehrere fundamentale politische oder wirtschaftliche Systemwechsel. Wir haben unsere Gesellschaften nahezu vollständig durcheinandergewirbelt. Soziale und politische Brüche kombinieren sich mit der raschen Veränderung von Lebensstilen. Gesellschaftliche und technologische Innovationen sowie Revolutionen treiben sich gegenseitig an.

Die Umwälzungen werden immer rasanter, immer tiefgreifender, immer folgenreicher.

Niemals zuvor in der Menschheitsgeschichte wuchsen so viele Kinder unter gänzlich anderen Bedingungen auf als ihre Eltern. Am Beginn des neuen Jahrhunderts befinden wir uns mitten in einer mit hohem Tempo mobilisierten, globalisierten und digitalisierten Welt.

Ob auch dieses Jahrhundert erneut von Kriegen dominiert sein wird, ist weniger auszuschließen, als man noch vor drei Jahrzehnten gedacht hätte.

Ein globaler Siegeszug von Vernunft und Friedfertigkeit ist bislang nicht zu erkennen.

Dafür beobachten wir etwas anderes: Die sich entfaltende Klimakrise übertrifft regelmäßig Szenarien, die wir uns gerade noch ausgemalt hatten. Wir erleben extreme Trockenheit, Wasserknappheit, brutale Stürme, Waldbrände und Überschwemmungen. Die Gletscher schmelzen, das arktische Eis wird dünn. Begleitet werden die klimawandelgetriebenen und witterungsbedingten Katastrophen von einer beispiellosen Veränderung der globalen Ökosysteme.

Wir übernutzen, manipulieren, zerschneiden, verbrennen, verkleinern, überbauen, verlärmen und verschmutzen auch noch die letzten Reste intakter Natur. Große Seen trocknen aus, der Meeresspiegel steigt. Jahrtausendealte Böden werden in wenigen Jahren verdichtet, ihrer Nährstoffe und Lebewesen beraubt, ausgetrocknet sowie erodiert. Nur noch weniger als ein Viertel der großen Flüsse fließt ununterbrochen bis zum Ozean. Ökosysteme verlieren ihre Biomasse, ihren biologischen Informationsgehalt und ihre Netzwerke. Sie büßen ihre Wildheit ein, ihre ergebnisoffene Selbstbestimmtheit, ihre organischen Formen und Strukturen. Stattdessen zwängen wir Menschen ihnen gerade Linien, Furchen, Kanäle und Barrieren auf, Plantagen und Monokulturen. Wir wirbeln natürliche Gefüge durcheinander und verbringen Arten von einem Kontinent zum anderen. Wir verzeichnen einen dramatischen Rückgang der biologischen Vielfalt. Fischbestände, Insektenvielfalt oder Korallenriffe kollabieren vor den Augen einer Menschheit, die sich nicht zu einer akut benötigten Wende aufraffen kann. Viele Organismen sterben leise, obwohl wir uns noch nicht einmal die Mühe gemacht haben, sie zu entdecken und ihnen einen Namen zu geben.

Neuartige Seuchen und Pandemien halten uns in Atem, die mutmaßlich auch deshalb die Menschen befallen, da die natürliche ökologische Regulation in Ökosystemen wegbricht, wir in die letzten Winkel der Erde vorstoßen und auf Organismen treffen, mit denen wir bislang nicht in Kontakt traten. Dies sind eindringliche Anzeichen dafür, dass wir möglicherweise vor ganz neuen Herausforderungen und Konflikten stehen.

UNO-Generalsekretär António Guterres beschrieb dies im Jahr 2020 ebenso prägnant wie zutreffend: »*Humanity is waging war on nature. This is suicidal.*« Die Menschheit führt einen selbstmörderischen Krieg gegen die Natur.

Der Dritte Weltkrieg ist also ein Krieg zwischen der Natur und den Menschen, und wir Schlafwandler haben uns schon auf den Weg gemacht in die Schlacht.

Dabei hasten wir blind vorwärts in immer mehr Technik und immer schnellere Ökonomie, bei vollständiger Leugnung der Grenzen des Wachstums und unserer Abhängigkeit von der Natur.

Haben wir wirklich begriffen, wie viel grundlegender, wirkungsmächtiger und existenzieller die gerade ablaufenden Veränderungen sind als jene vor 100 bis 150 Jahren, die die Gesellschaften auf den Kopf stellten?

Ist es nicht abenteuerlich zu glauben, dass wir dank cleverer Technik auf das Prinzip *Weiter-so* setzen können? Werden wir uns mittels Digitalisierung und künstlicher Intelligenz die Lösung der globalen Krise erdenken lassen, weil sie uns selbst nicht einfällt?

Die Geschichte der Menschheit ist voller Irrungen und Wirrungen. Doch nie waren diese so gefährlich für den Fortbestand unserer Zivilisation wie heute. Wir sind heute nicht nur in der Lage, mit unseren Fehlentscheidungen die Grundlage unserer Existenz auf diesem Planeten zu zerstören, wir haben bereits damit begonnen – und zwar auf eine beeindruckend gründliche, umfassende und komplexe Weise.

Und doch ist das Ende alles andere als unausweichlich. Denn in der Geschichte gibt es ein wiederkehrendes Motiv:

Grundlegende technische Veränderungen haben stets grundlegende gesellschaftliche Umwälzungen mit sich gebracht.

Es begann mit Keule, Speer, Faustkeil und Feuer. Tatsächlich brachte das eine völlig neue Gesellschaftsform hervor: Der Mensch wurde vom herumstreunenden Wildling zum sesshaften, siedlungs- und staatengründenden Wesen. Ab da ging es, historisch betrachtet, immer rasanter weiter.

Die erste Massenproduktion durch Maschinen begann um 1800, heute nennen wir das Industrie 1.0. Wurden anfangs Maschinen wie etwa Webstühle noch von Hand betrieben, kamen bald schon Dampfmaschinen zum Einsatz. Die Einführung der Elektrizität zum Ende des 19. Jahrhunderts löste die zweite industrielle Revolution aus. In großen Fabrikhallen wurde nun in Rekordzeit am Fließband produziert. Die dritte industrielle Revolution kündigte sich mit den ersten Computern an. Im Jahr 1941 gab es den ersten programmierbaren Computer, 1968 entstand das ARPANET, der Vorläufer des Internets, welches am Ende der 1980er erfunden wurde.

Aktuell befinden wir uns in der Mitte der vierten industriellen Revolution. Im Fokus stehen die zunehmende Digitalisierung früherer analoger Techniken und vor allem die Herrschaft über Daten und Kommunikation. Künstliche Intelligenz und das Internet der Dinge bestimmen die Zukunftserzählungen. Wir wollen, dass

Maschinen und tote Dinge miteinander kommunizieren, damit sie für uns Entscheidungen treffen, für uns einkaufen, über uns wachen, uns betreuen und pflegen. Wir werden dann keine langweiligen, anstrengenden oder unangenehmen Tätigkeiten mehr verrichten müssen, wir werden schneller informiert sein, viele andere Dinge in kürzerer Zeit tun, mehr Zeit für wirklich Wichtiges haben.

Aktuelle Nachrichten aus den Rubriken, die uns interessieren, erscheinen auf der Netzhaut. Sprachliche Barrieren werden nicht mehr existieren. Wir können uns suprarealistisch in virtuellen Welten vergnügen, die bunter, lauter und schneller sind als die alte Erde. Wir werden uns selbst immer besser beobachten (lassen) können und erkennen, was verbessert werden kann. Nanomaschinen können sich durch unseren Körper bewegen, um aufzuräumen, und sich dabei koordinieren, problematische Gewebewucherungen erkennen und sie entfernen. Es wird uns immer besser gehen, Volkswirtschaften werden wachsen, damit wir dann eines Tages auch umweltfreundlicher sein können.

Nie war so viel *Science-Fiction* wie heute.

Dabei sollten wir eines im Blick behalten: Treiber der technologischen Entwicklung war und ist immer die Ökonomie. Wissenschaft und Technik sind nur ihre Helfer. Auch die Digitalisierung ist also erst einmal nichts anderes als eine weitere Revolution der Produktivkraft.

Niemals, aber wirklich *niemals* in der Geschichte blieben diese technologischen Umwälzungen ohne gesellschaftliche Auswirkungen. Und sie waren jedes Mal gewaltig. Niemals in der Geschichte gab es dadurch eine gemütliche, positive, schrittweise, sozialverträgliche, evolutionäre Entwicklung von mehr Wohlstand, mehr Teilhabe, mehr heiler Welt für alle. Die Vision einer großen, aber allmählichen und schmerzfreien Transformation unserer Gesellschaften von einem Zustand in einen anderen kann nicht aus historischen Erfahrungen abgeleitet werden.

Wie groß ist die Plausibilität, dass es dieses Mal anders ausgehen wird, nur weil die Umwälzungen größer, umfassender, ja, global sind?

Bei jedem einzelnen der historischen Produktivkraft-Upgrades stellten sich Folgen ein – früher oder später: Ein kompletter Umsturz von gesellschaftlichen Strukturen, politischen Systemen, Nationen und Kontinenten. Die ersten Werkzeuge machten die jagenden und sammelnden Menschen erst effizient und dann zu Produzenten und Produzentinnen; ja, sie machten Menschen so produktiv, dass plötzlich das Individuum mehr erzeugen konnte, als es selbst benötigte. Das brachte zwei neue Strukturen hervor: Handel und Sklaventum. Denn nur Menschen, die mehr produzieren können, als sie selbst verbrauchen, sind als Sklaven attraktiv. Später ließ die Massenproduktion – noch in der Monarchie entstanden – ein nichtadeliges Bürgertum reich und mächtig werden. Es entstanden reiche Bürger und Bürgerinnen. Und die forderten Macht. Die Monarchen und Monarchinnen wurden hinweggefegt, erste bürgerlich-demokratische Staaten entstanden.

Schon im Mittelalter verfügten einzelne Privateigentümer wie die Fugger über größere Budgets als Kaiser, Könige und Fürsten. Aber mit der Elektrifizierung und der Industrie 2.0 kam zum Bürgertum eine Klasse von Großkapitalisten hinzu – mit dramatischen Spaltungen der Gesellschaft und in der Folge sozialistischen Revolutionen und Experimenten. Die dritte industrielle Revolution, also die Automatisierung, machte es plötzlich möglich, nahezu überall in der Welt zu produzieren. Hinzu kamen schnelle und effiziente Transport-, Reise- und Kommunikationsmöglichkeiten. Das ermöglichte die Globalisierung. Statt Individuen sind es nun Konzerne, die Weltpolitik machen, über größere Budgets verfügen als ganze Staaten und nationale Regierungen erpressen können. Gleichzeitig erlangen die digitalen Konzerne sowie kluge Nutzer und Nutzerinnen der globalen Dateninfrastruktur völlig ungeahnte Möglichkeiten, auf Informationsstand und Verhalten von Individuen einzuwirken. Die digitale Lebensweise bricht mit sozialen Traditionen und Tabus.

Vor diesem Hintergrund wäre es vermessen zu glauben, ausgerechnet die vierte industrielle Revolution, also die *totale Digitalisierung*, bliebe nun erstmals in der Geschichte ohne tiefgreifende gesellschaftliche Folgen. Die allumfassende, konsequente und globalisierte Digitalisierung, die wir aktuell erleben, ist im Ausmaß ihrer umwälzenden Kraft nicht mit den geschilderten historischen Fällen vergleichbar, sie übertrifft sie um Größenordnungen. Das führt uns zu der wahrhaft aufregenden Frage:

Was folgt jetzt?

Die Globalität der Krisen
Die Menschheit hat sich verwirtschaftet

Klimakrise, Biodiversitätskrise, Wasserkrise, Flüchtlingskrisen, Hungerkrisen, Wirtschaftskrisen, Corona-Krise, die Krise der Demokratie. Krisen prägen unseren Alltag inzwischen mehr als der Normalzustand, von dem heute keiner mehr weiß, wir er eigentlich aussieht.

Krise und Unsicherheit werden zum Dauerzustand unserer Gesellschaft.

Der Begriff κρίσις, *krisis*, bedeutet Entscheidung oder Wendepunkt. Auf die Zuspitzung folgt die Wende, der Wechsel des Systemzustands, nach Krankheit folgen Genesung oder Kollaps.

Krisen gab es in der Geschichte der Menschheit schon immer, doch wir beobachten eine neue Quantität und Qualität: Nicht nur die Zahl der Krisen wächst, auch die Bereiche beziehungsweise Systeme, in denen sie zu beobachten sind, werden vielfältiger: Natur, Gesundheit, Mobilität, Staaten, Regierungen, Ressourcen. Manche Krisen sind akut, viele chronisch. Längst kann die globale öffentliche Aufmerksamkeit nicht mehr angemessen und regelmäßig auf alle relevanten Krisen gelenkt werden. Und doch befinden sich viele Handlungsfelder in permanentem Krisenmanagement.

Neu ist auch die Interaktion dieser Krisen. Sind Krisen erst einmal groß genug, stoßen sie aneinander. Sie verstärken sich gegenseitig, vermeintlich schnelle und schlichte Lösungen für die eine Krise verschärfen eine andere. Gleichzeitig werden die Krisen komplexer und damit sowohl unberechenbarer als auch unlösbarer. Viele lassen sich nicht mehr behandeln, solange man sie in den isolierten Fokus nimmt. Ihre Ursachen und ihre Auswirkungen werden außerdem immer globaler. Nationale Lösungsstrategien sind zum Scheitern verurteilt, lokale und individuelle Versuche bleiben oft unerheblich.

Selbst in den Pandemie-Jahren 2020/21, in denen zahllose wirtschaftliche Sektoren innehielten, wuchsen die Bedürfnisse und Wünsche der Menschheit genauso wie die Zerstörung der natürlichen Lebensgrundlagen. Weltweit sind die Wälder unter extremem Druck. Die Situation der Ozeane ist historisch schlecht. Die Konzentration der Treibhausgase in der Atmosphäre ist so hoch wie seit Jahrmillionen nicht. Seit 2001 gingen in zwei Jahrzehnten auf etwa 400 Millionen Hektar Bäume beispielsweise durch Holznutzung, Brandrodung und Feuer verloren. Weltweit werden Tag für Tag Abertausende von Hektar versiegelt und verbaut. Mehr als 54 Millionen Straßenkilometer zerschneiden die Ökosysteme in mehr oder weniger kleine Parzellen. Schon heute sind 75 Prozent der weltweiten Landfläche durch Erosion, Versalzung, Übernutzung oder Austrocknung degradiert, also versiegelt, übernutzt oder verödet. Bis 2050 könnten sogar 90 Prozent der Landfläche degradiert sein. 80 Prozent des weltweiten Schmutzwassers fließen ungeklärt in die Ökosysteme zurück. 70 Prozent der Wasserentnahmen gehen auf das Konto der Landwirtschaft. Rund ein Drittel der weltweiten Grundwasserreservoire ist in einem schlechten Zustand. Jeder neunte Mensch hat keinen sicheren Zugang zu Wasser, was jährlich zu ungefähr einer Million Todesfällen führt. Fast ein Viertel der Gebiete mit sehr hoher Bedeutung für die Landschaft war in den letzten drei Jahrzehnten immer wieder von folgenschweren Dürren betroffen. Überall trifft es dabei in erster Linie fast immer die Armen.

Unser globales Öko- und Gesellschaftssystem zerbröselt. Immer schneller und an immer mehr Stellen zugleich.

Doch wir verschließen unsere Augen, wir wirtschaften weiter, als gäbe es diese Zerfallserscheinungen nicht. Alle Lebewesen wirtschaften, und ganze Ökosysteme tun es. Diejenigen Systeme überleben, die am effizientesten mit knappen Ressourcen haushalten, viel Arbeit mit möglichst wenig Aufwand verrichten, für »schlechte Zeiten« vorsorgen, den Input vergrößern, Output und Verluste minimieren, sich für Störungen und Wandel wappnen und sich anpassungsfähig halten.

Menschen wirtschaften, und ganze soziale Systeme tun es auch. Im Grunde geht es bei ihnen um die gleichen Grundfunktionen: Existenz und Stoffwechsel durch die Zufuhr von Ressourcen aufrechterhalten, Arbeit verrichten und arbeitsfähiger werden. Aber *Homo sapiens* ist scheinbar cleverer als die unbewusst wirtschaftende Natur. Wir antizipieren Bedarfe und Wünsche, wir erfinden sie sogar neu, so dass wir Dinge und Leistungen nachfragen, von denen wir gestern noch gar nicht gewusst haben, dass wir sie brauchen könnten. Der produzierende und handelnde Mensch erfreut sich nicht allein an Produkten, die aus unmittelbarer Notwendigkeit konsumiert werden, sondern hat gelernt, selbst Erwartungen und Optionen zu verkaufen. Damit wurde es möglich, sich zu verschulden, um Zugang zu Ressourcen zu gewinnen, die man eigentlich nicht haben, ja, die man sich eigentlich nicht leisten könnte.

Die Scheren der Ungerechtigkeit öffnen sich dabei immer weiter.

So ist etwa das Problem der Konzentration von Ökosystemen in wenigen Händen gigantisch, und es wächst. Die Hälfte von England wird von weniger als 1 Prozent der englischen Bevölkerung besessen. 84 Prozent der Farmen weltweit verfügen nur über 12 Prozent des Ackerlandes. 1 Prozent der größten Farmen bearbeitet 70 Prozent des Ackerlandes. In den USA erzielen nur 7 Prozent der Farmen etwa 80 Prozent der produktiven Wertschöpfung. In Südafrika sind es sogar nur 0,28 Prozent der Farmen mit einem gleichen Anteil. Große transnationale Unternehmen machen einen Teil ihres Gewinns mit Landgeschäften und Investitionen im Agrar- beziehungsweise Nahrungsmittelbereich; ihr Umsatz ist größer als derjenige mancher Staaten; sie nehmen Einfluss auf Landmanagement, Saatgutverteilung, Produktion und Vermarktung. Multimilliardäre können mit ihren Investitionen Regierungen auch in den reichsten Ländern der Erde vor sich hertreiben, bekommen Sondergenehmigungen und geben den Takt der Sachzwänge vor, die Ökosystem- und Menschenvergessenheit weiter befördern. Technologischer Fortschritt als Sachzwang: »Widerstand von irgendwoher kann nicht bedeuten, dass es überall keinen Fortschritt gibt.«

Wer mehr hat, kann sich von den Fesseln der Ressourcenknappheit und saisonalen Versorgungsschwankungen befreien. Zusätzliche Ressourcen vergrößern nicht nur Vergnügen, Wohlergehen und Freiheit der Wahl, sondern auch die Optionen, Macht auszuüben sowie weitere Ressourcen zu kontrollieren. Daraus ergibt sich die altbekannte, systemisch rückkoppelnde Eskalation des Kapitalismus: Wer mehr hat, kann sich mehr nehmen (oder ihm wird gegeben). Bereits in vorkapitalistischen Gesellschaften wuchsen Ansehen, Anerkennung, Attraktivität und wiederum die Macht der Möglichkeiten mit der Akkumulation von Ressourcen.

So entstand das Wachstumsparadigma. Von ganz allein und ohne, dass es erfunden werden musste. Die Mechanismen von

Profitmaximierung und Kapitalakkumulation hoben es auf eine neue Stufe. In den überkomplexen modernen sozialen Systemen hat es sich verselbstständigt und treibt die Entkopplung des Wunsches vom Bedarf und die Entkopplung des Machbaren vom Sinnvollen.

In der Geschichte entstanden Betriebs- und Volkswirtschaften, dann interkontinentale Kolonial- und Ausbeutungsreiche und schließlich transnationale ökonomische Systeme. Auch unsere heutige globalisierte Wirtschaft wird von dieser Wachstumslogik getrieben. Die Entstehung des Geldes, der Finanz- und der Börsensysteme wurzelt in unserer enormen Abstraktions- und Vorstellungskraft. Aber die von realen Bedarfen und unmittelbaren Vorteilen entkoppelten Symbolsysteme entzogen sich zusehends – und gerade auch dank der revolutionären Kommunikationsmedien und letztlich der Digitalisierung – der Nachvollziehbarkeit und der Kontrolle.

Wirtschaft funktioniert für die meisten Menschen als *Blackbox*. Relativ klar ist, dass die Box mit Ressourcen gefüttert werden muss, damit am anderen Ende etwas herauskommt, was den Menschen nützlich ist. Je größer die Box, desto mehr spuckt sie auch hinten aus. Aber die globalisierte Wirtschafts-Box ist so groß geworden, dass niemand mehr dazu in der Lage ist, zu beurteilen, ob Input und Output in einem angemessenen Verhältnis zueinander stehen. Sie spuckt so viel aus, dass wir gar nicht mehr dazu kommen, darüber nachzudenken, ob es nützlich ist. Viele Inputs werden zudem gar nicht bilanziert, weil sie einfach *da* zu sein scheinen – etwa die alten *Gratisproduktivkräfte der Natur* – und weil die Kosten der Gewinnung und Nutzung der Ressourcen meist verschleiert sind, beziehungsweise weil die Rechnung nicht an Ort und Stelle sowie erst verspätet bezahlt werden muss. Was sind schon die Arbeitskosten der Abholzung eines Waldes im Verhältnis zu den ökologischen Folgekosten? Es hat Jahrtausende gedauert, bis die Menschen begriffen, dass die Kosten in Form von globaler Erwärmung, der Störung des Landschaftswasserhaushalts oder dem Aussterben von Arten »bezahlt« werden. Haben wir es wirklich begriffen?

Wie teuer ist noch mal die Klimakrise? Wie hoch ist der Wert einer Art? Brauchen wir die überhaupt oder kann sie weg? Im Bestreben, mit der Bilanzierung der großen Wirtschafts-*Blackbox* nachzukommen, erfolgt die Ökonomisierung und Monetarisierung der Welt, als wäre sie ein Warenlager oder Supermarkt zu unseren Diensten. Das ist sie nicht, aber das haben wir vergessen. So stellen wir die falschen Fragen und berechnen irgendwelche Werte auf der Grundlage von scheinbarem Wissen.

Wir haben uns verheddert, verwirtschaftet und verzockt.

Noch immer treiben kurzfristige Profitinteressen unsere Wirtschaft an. Die Betriebswirtschaft dominiert die Volkswirtschaft. Doch die Rechnungen für unsere Lebensweise treffen jetzt schneller ein, als dass wir verstehen könnten, warum wir sie überhaupt erhalten oder wer sie bezahlen soll und in welcher Währung. Klar scheint nur zu sein, dass wir immer mehr Ressourcen benötigen, um die stetig wachsende Wirtschafts-*Blackbox*, die wir nicht mehr verstehen, am Laufen zu halten, um Schäden zu reparieren und Verluste zu kompensieren, die durch das Wirtschaften entstehen. Werden zu viele Bäume abgeholzt, muss irgendwann irgendwer Bäume pflanzen, werden Wasser und Luft verschmutzt, sind wir zur Reinigung gezwungen. Wo das Wasser knapp wird, muss es in Kanälen und Pipelines herbeigeschafft werden, Brunnen müssen tiefer werden, Meerwasser muss entsalzt werden. Ist ein globaler Klimawandel losgetreten, gilt es, ihn zu bremsen und sich an ihn anzupassen.

Aus Sicht von Ökonomen muss das gar nicht alles schlecht sein. Aus diesen Nöten und Krisen erwachsen schließlich neue wirtschaftliche Chancen. Umweltzerstörung und Reparatur gehen gleichermaßen positiv in das Bruttosozialprodukt ein.

Die menschliche ökonomische Fantasie ist auch in der Krise weiterhin ungebrochen; das Unternehmertum macht noch aus jeder Krise eine Geschäftsidee.

Wenn unsere Wirtschaft es beispielsweise erforderlich macht, dass wir das globale Ökosystem verschmutzen müssen, lernen wir halt, mit Verschmutzungsrechten zu handeln.

Der Markt soll es richten. Wir wollen glauben, dass die helfende, unsichtbare Hand des Marktes eingreift und Falsches korrigiert, wie es sich für selbst-regulierte Systeme vermeintlich gehört. Allerdings vergessen wir dabei, dass weder im globalen Ökosystem noch im Wirtschaftssystem die Kategorien *richtig* und *falsch* oder *gut* und *böse* existieren. Die unsichtbaren Hände des Wirtschaftssystems reagieren derzeit auf steigende Kosten und Probleme mit der verstärkten Mobilisierung von Ressourcen, um die bestehenden Probleme besser beseitigen zu können. Der entstandene Weltenbrand wird also mit Treibstoff gelöscht, was im wahrsten Sinne des Wortes selbstverständlich nur zur weiteren Erhitzung beiträgt.

Es kam ein Zeitpunkt, in dem die Menschheit verstehen wollte, was die Natur wirklich wert sei und welche Kosten Klimakrise und Umweltzerstörung hätten. Studien wie der Stern-Report oder TEEB (*The Economics of Ecosystems and Biodiversity*) gaben Antworten, aber die Fragen waren falsch. Was kosten die Bienen, die Vögel, die Bereitstellung von Grundwasser und das ganze Land? Diese Frage darf nur stellen, wer sie allesamt geschaffen oder rechtmäßig erworben beziehungsweise das Recht hat, sie zu bewerten.

Umweltökonomen weigern sich, etwas als Leistung zu betrachten, für das es keinen Markt gibt, weil es niemand nachfragt, obwohl alle davon leben. Das ist ignorant. Sie berechnen den Wert der Natur auf der Grundlage dessen, was Menschen bereit sind, für sie zu zahlen. Nur derjenige Tiger sei etwas wert, für den Menschen zu spenden bereit sind. Das ist nicht nur unanständig, sondern auch Unfug. Umweltökonomen blenden Bedürfnisse von Menschen aus, die sich nicht äußern können. Sie verfügen über die Zukunft anderer Menschen und Arten. Das ist ungerecht. Und es ist absurd.

Alle – ursprünglich durchaus ehrenwert motivierten – Berechnungen der Umweltökonomen haben nicht verhindern können, dass der Umgang mit Landeigentum inzwischen oftmals eine Schande darstellt: Ein Ökosystem ist tot mehr wert als lebendig. In England steigt zum Beispiel der Verkaufswert eines Grundstücks um das 275fache, wenn es Bauland wird – und also die bioproduktive Fläche versiegelt werden darf.

Die ökonomische Bewertung von Land, Ökosystemen und ihren Leistungen und die monetäre Berechnung von Umweltkosten sind nicht nur technisch, sondern vor allem auch ethisch gescheitert.

Wir können nicht verkaufen, verscherbeln oder verschenken, was uns nicht gehört.

Zum kapitalistischen Wachstums-Paradigma trat der systemisch rückkoppelnde Wachstums- und Verwertungszwang hinzu. Die Wirtschaft muss immer schneller wachsen, damit wir unsere wachsenden Schulden bezahlen, die Folgen von Krisen überwinden oder für die nächsten Krisen gewappnet sein können. So werden immer neue und komplexere Krisen produziert, die zusätzliches Wachstum erforderlich machen.

Wir sind Wachstumstreiber und Wachstumsgetriebene zugleich.

Ein Ausbrechen aus der Wachstumslogik wird dadurch besonders erschwert. In dem Moment, in dem wir glauben, wir könnten uns für die vermeintlich richtige Art des Wachstums entscheiden oder nur noch eine Zeit lang wachsen, bis wir umsteuern, ignorieren wir die systemischen Kräfte, die uns immer tiefer in Sachzwänge und Pfadabhängigkeiten hineintreiben.

Unsere Abhängigkeit vom globalisierten Wirtschaftswachstumssystem ist bereits so groß, dass die von ihm selbst erzeugten Krisen nur durch Wachstum bewältigt werden können, um größere Disruptionen zu vermeiden. Es ist die Geschichte eines Abhängigen, der immer größere Dosen seiner Droge benötigt, um einstweilen überhaupt handlungsfähig zu bleiben. Dabei wachsen berechtigterweise sowohl die Fallhöhe als auch die Angst vor dem Absturz. Ein Entzug ohne Kollaps erscheint praktisch nicht mehr möglich, während die Erhöhung des Konsums den Abhängigen näher an das Risiko der Überdosis treibt.

Die Funktionsweise komplexer Systeme umfasst meist kein Abbremsen oder Innehalten vor dem Kipp-Punkt. Wenn ein System erst einmal Fahrt aufgenommen hat und Rückkopplungseffekte sich gegenseitig verstärken, ist der Wechsel des Systemzustands häufig nicht aufzuhalten. Kollaps ist dann eine realistische Option. So passiert es in kleinen, überdüngten und umkippenden Gewässern, in denen sich die exponentiell wachsenden Organismen selbst in Sauerstoffmangel und Tod treiben, ehe nach dem Kollaps das System neu gestartet werden kann. Genauso ist es im Falle von zu Wärmeproduktion befähigten Tieren, die sich im Kampf mit einem Krankheitserreger durch stetig steigendes Fieber bis in den Tod erhitzen.

Wenn man über Fieber und Erhitzung nachdenkt, ist eine Reflexion zum Klimawandel nur wenige Gedanken entfernt. Tatsächlich haben wir ja längst gelernt, dass auch das Erd-Klimagefüge ein komplexes System ist, welches durch externe Einflüsse getrieben und verändert wird und sich selbst im Rahmen gewisser Möglichkeiten reguliert. Die Interaktionen der verschiedenen von uns direkt oder indirekt manipulierten Systemkomponenten haben lange Zeit unsere Vorstellungskraft überstiegen.

Das auf der Erdoberfläche in einem – gemessen am Erddurchmesser – prekär dünnen »Biofilm« konzentrierte Leben hat die Bedingungen für komplexeres Leben erst selbst geschaffen und dann begonnen, durch das Haushalten mit Energie, Stoffen und Wasser diese Bedingungen zu stabilisieren. Dies geschah zum Beispiel durch das Hervorbringen einer sauerstoffhaltigen Atmosphäre und die Filterung der lebensgefährdenden energiereichen Strahlung durch die Ozonschicht, die es vor der »Erfindung« der pflanzlichen Photosynthese nicht geben konnte. Ebenso bedeutsam waren die Entstehung eines ökosystemregulierten Treibhauseffekts, welcher wesentlich zur nachhaltigen Existenz von flüssigem Wasser beiträgt, Grundbedingung allen Lebens. Genauso verhält es sich mit dem Schutz vor Überhitzung des globalen Ökosystems durch Regulation des Kohlendioxidanteils in der Atmosphäre. Diese Regulation umfasst unter anderem auch den fortwährenden Entzug von Kohlendioxid aus der Atmosphäre und die sichere Ablage von Kohlenstoff in unterirdischen Lagern.

Die aufregendste Eigenschaft der durch Technologie selbstermächtigten Menschen ist die Fähigkeit, die über Hunderte von Millionen von Jahren akkumulierten Kohlenstofflager zu erschließen. Wir setzen die eingefangenen Gase in einem Wimpernschlag der Evolution frei. Dabei zerstören wir jene Prozesse auf der Erdoberfläche, die die Regulierung des Klimas betreiben. Das ist tragischerweise das Geheimnis unseres einmaligen Erfolgs:

Wir haben den Schlüssel zu verborgenen und fest verschlossenen Schätzen gefunden.

Wir haben die Energielager der Erde entkorkt und damit eine so gewaltige Arbeitsfähigkeit erhalten, dass wir wortwörtlich Berge versetzen und uns selbst ins Weltall schießen können.

Es ist die ernüchternde Einsicht, dass unser vermeintlicher wirtschaftlicher Erfolg, all unser Wirtschafts- und Wohlstandswachstum darauf beruht, dass wir uralte und erfolgreich wirtschaftende Systeme geknackt haben und seit Jahrmillionen etablierte Energie- und Stoffströme aufhalten beziehungsweise sogar umkehren. Verrückterweise – und das alles im Einklang mit den Regeln der Natur und der Evolution – wurden wir bislang dafür belohnt und von diesem Entwicklungspfad abhängig wie ein Drogensüchtiger.

Die Macht des Systems ist mit demjenigen, der die Energie für seine Zwecke zu nutzen weiß. Derjenige, der einen Zugang zu einer neuartigen Energiequelle gewinnt, darf erst einmal ungehemmt wachsen. So taten es die grünen Algen und Pflanzen nach der Entwicklung der Fotosynthese, die plötzlich erlaubte, die Sonne als schier unerschöpfliche Energiequelle anzuzapfen und damit im Kampf gegen die Grundgesetze der Physik einen Vorteil zu gewinnen. Die Pflanzen wuchsen und wuchsen, bis sie schließlich anfingen, die Erdoberfläche, die Ozeane und auch die Atmosphäre zu verändern. Diese Veränderungen schufen so jedoch immer mehr Lizenzen für neue Lebensformen und speicherten Energie auf der Erde.

Es war allerdings nur eine Frage der Zeit, dass ein Akteur der ziellosen und ergebnisoffenen Evolution darauf kam, sich dieses angesparte Erbe des Erdökosystems zunutze zu machen. Dieser Akteur ist nun ein relativ cleverer, nackter und sozialer Affe. Wir, die Menschen, sitzen auf den Schultern der biologischen und ökologischen Evolution, plündern die Keller und Lagerstätten der Erde, verprassen die uralten Ressourcen, feiern ein historisch einmaliges Fest, es macht Spaß:

Wir sind berauscht und können unsere Macht selbst nicht fassen. Und wir nennen es Wirtschaften.

Tatsächlich geht es um das Haushalten. Als Individuen und mehr oder weniger kleine Gruppen versuchen wir, knappe Ressourcen zu gewinnen und gewinnbringend einzusetzen. Allerdings gilt in ineinander verschachtelten Systemen, dass man – zumindest für eine gewisse Zeit – erfolgreich wirtschaften kann, indem das System höherer Ordnung genutzt oder gar geplündert wird. Läuft dieses Plündern dann auch noch so ab, dass vor allem ein winzig kleiner Teil der eigenen Population profitiert, nennen wir das erfolgreiche Betriebswirtschaft – ohne dass dies notwendigerweise gut für die Volkswirtschaft ist. Selbst einzelne Volkswirtschaften können als Exportweltmeister gedeihen und dabei ein regionales oder ein weltweites Wirtschaftssystem schädigen. Und so kann eben auch ein globalisiertes Wirtschaftssystem wachsen und dabei die dieses System tragende Natur ruinieren. Das funktioniert so lange, bis die negativen Rückkopplungen einsetzen, die es in allen komplexen Systemen gibt. Diese bedeuten, dass ein Ergebnis der Arbeit eines Systems Prozesse in Gang setzt, die dieses Wirken mindern oder unterbinden. Je größer die betroffenen Systeme, desto zeitverzögerter und langsamer die negativen Rückkopplungen, was sie entsprechend tückisch macht.

In unserem Falle des an sich klugen Menschen, *Homo sapiens*, haben wir Großes geschaffen, wozu wir als Einzelne nicht in der Lage wären, ja, wozu nicht einmal einzelne Generationen befähigt waren. Es bedurfte der kulturellen Akkumulation von Wissen mehrerer Jahrhunderte, um so manchen ganz großen Schalter umlegen zu können. Es mussten Generationen von Forschern Millionen Experimente durchführen, bis das erste Flugzeug fliegen, der erste Computer angeschaltet, das menschliche Genom entschlüsselt oder unter der Erde nach Erdöl gesucht werden konnte. Ein

Beobachter der Erde und der Menschheit hätte nicht vorhersagen können, was sich da über Jahrhunderte zusammenbraut, nur weil immer mehr Menschen begannen, systematisch Wissen zu generieren und es zu Papier zu bringen. In der kulturell-technologischen Evolution des globalen Wissenssystems und im Aufbau unserer Bibliotheken und Datenbanken steckte eine über lange Zeit nicht erkennbare Sprengkraft und ein enormer Verzögerungseffekt, bis sich dann die Wirkungen explosionsartig freisetzten.

Das ist nun das Fatale. Ehe wir uns selbst und die Wirkungen unseres Tatendrangs begriffen haben, wurden schon globale Rückkopplungen entfesselt, die jenseits unseres individuellen Vorstellungsvermögens das unfassbar langsame Kippen von gigantischen Dominosteinen in Gang gesetzt haben.

Einer der größten langsam kippenden Dominosteine ist die Klimakrise. Einige von uns hatten es sich vorstellen können. Unser theoretisches Wissen reichte aus, gewisses Unheil zu projizieren. Aber bis es gelang, diese Klimageschichte zu einem globalisierten Menschheitswissen zu machen, kam der Systemwechsel in Gang. Jetzt ist der globale Klimawandel also nicht länger ein hypothetisches Zukunftsszenario. Er hat sich beschleunigt und wird schneller, in wenigen Jahren wird die Durchschnittstemperatur der Erde 1,5 Grad Celsius höher sein als zur Zeit der ersten Überlegungen zum Klimawandel. Aber auch nach jahrzehntelangem Klimawandeldiskurs wird das Risiko von vielen Entscheidungsträgern und Meinungsmachern noch immer unterschätzt oder bewusst heruntergespielt. Es ist nicht gehört und begriffen worden, dass ohne eine drastische Senkung der Treibhausgaskonzentration in der Atmosphäre und einem sofortigen Stopp der Zerstörung des globalen Ökosystems am Ende des Jahrhunderts unumkehrbar nichts mehr so sein wird wie heute.

Eine Falle ist die Trägheit des betroffenen Systems. Selbst eine Vollbremsung der Treibhausgasemissionen würde über Jahrzehnte kaum Wirkungen zeigen – ein übler Befund. Das globale Ökosystem und das planetare Klimasystem »verzeihen« kleine Eskapaden. Aber einmal in Fahrt können sie eben – wie die Titanic – nicht abrupt auf einen neuen Kurs gebracht werden. Zur Zeit entdecken wir fortlaufend neue positive Rückkopplungen, welche die Klimakrise sich selbst befeuern lassen. Sie umfassen die Freisetzung von Treibhausgasen aus kollabierenden Ökosystemen, den Wärmetransport durch Luft- und Meeresströmungen in polare Gebiete, wo das Eis schneller taut, was dazu führt, dass weniger Sonnenstrahlung ins All reflektiert wird und sich Land und Wasser schneller aufwärmen. Solche positiven Rückkopplungen, mit denen sich der Klimawandel aufschaukelt, bewirken letztlich die eine große negative Rückkopplung, die dem Wachstum der menschlichen Aktivitäten Einhalt gebieten wird.

Der nackte Affe, dieser Zauberlehrling der Evolution, hat mit seinem Krieg gegen die Natur unvorstellbare Kräfte entfesselt. Sie blieben lange undeutlich und bauten sich schließlich zu einer Tsunamiwelle auf, die durch keine Dämme gebrochen werden kann. Doch es ist nicht nur diese eine Welle, die uns von einer Seite angreift. Nun kommt alles simultan auf uns zu: Hitze, Trockenheit, Wassermangel, Überschwemmungen, Stürme, Feuer, Meeresspiegelanstieg, Verlust von Wäldern und Böden, direkte und indirekte Bedrohungen für die menschliche Gesundheit, sinkende Produktivität von Land- und Forstwirtschaft, Schrumpfen der Ressourcengrundlage der Fischerei.

Während wir uns einem Problem mit globaler Aufmerksamkeit näher zuwenden, bricht eine nächste Krise los.

Die Kombination von nichtlinearer Beschleunigung der gerade ablaufenden Umweltveränderungen, die sich zusehends gegenseitig befeuern und zum Teil irreversible Prozesse auslösen, mit der Trägheit der Erdsysteme überfordert die menschliche Vorstellungskraft. Unglücklicherweise gilt diese Überforderung nicht allein für die in kürzeren Perioden denkenden und handelnden Individuen, sondern auch für die Menschheit als Kollektiv.

Wir, die Menschen, haben uns mit Macht und viel Energie in eine *Terra incognita* katapultiert, in der alle historischen Erfahrungen an Relevanz verlieren.

Wir müssen lernen, mit vermutlich über 10 Milliarden Menschen auf einem überfüllten, ausgeräumten, erschöpften und verschmutzten Planeten in einem völlig neuartigen Klima zu existieren und zu wirtschaften.

Eine aktuelle Studie zeigt, dass abhängig von den Szenarien des Bevölkerungswachstums und der globalen Erwärmung in den kommenden 50 Jahren ein bis drei Milliarden Menschen außerhalb von Klimabedingungen leben müssen, die der Menschheit seit 6000 Jahren vertraut sind. Ohne Klimaschutz oder Migration wäre zukünftig ein bedeutender Teil der Menschheit mittleren Jahrestemperaturen ausgesetzt, die wärmer sind als fast überall heute.

Außerdem droht die Versorgung mit Wasser, Nahrung, Holz vielerorts zusammenzubrechen. Es gibt lokale Fallbeispiele, die uns lehren, wie lokale Systemkrisen sich aufschaukeln können. So wurde etwa in der Region des Fruchtbaren Halbmonds in den Jahren vor dem Exodus aus Syrien die schwerste in der Region bekannt gewordene Dürre registriert. Sie verschärfte die bestehenden Risiken in Bezug auf Wasserversorgung und Landwirtschaft, führte zu dramatischen Ernteausfällen und Viehmortalität. Die bedeutendste Folge war die Abwanderung von bis zu 1,5 Millionen Menschen aus ländlichen Gegenden in die urbanen Zentren, wo sich soziale Spannungen verschärften. Dies befeuerte die politische Krise einer ganzen Region und die europäische Flüchtlings-krise. In Studien wurde analysiert, wie globaler Wandel zum Zünden der gesamten *Arabellion*, die eben kein Arabischer Frühling war, beigetragen haben könnte.

Die Kausalkette, die möglicherweise mit Weizenknappheit in China begann und den politischen Flächenbrand in Nordafrika und im Nahen Osten auslöste, ist wohl deutlich länger. Zu direkten oder indirekten Folgewirkungen dürften unter anderem der IS-Terrorismus, die Flüchtlingskrise von 2015, das Anwachsen der Uneinigkeit innerhalb der Europäischen Union, das Erstarken der Neuen Rechten und der EU-Austritt Großbritanniens gehören. Für Millionen Menschen bedeutete die sich ausbreitende Krise unendliches Leid, Armut und Verlust von Perspektiven. Es entstanden neue Keimzellen für Hass, Gewalt und Konflikte, die für lange Zeit virulent bleiben werden.

Klimawandel ist letztlich ein Bedrohungsmultiplikator.

Er befeuert die Interaktionen von bestehenden ökologischen, politischen, ökonomischen, ethnischen, religiösen und demografischen Krisen.

Etliche ökologische, humanitäre und sicherheitspolitische Krisenregionen wie die Sahel-Region, der Nahe Osten oder Zentralasien sind dramatisch verwundbar gegenüber weiteren Stressoren. Zukünftige Jahrtausend-Dürren und Hitzewellen haben das Potenzial, nie dagewesene Menschenwanderungen und soziopolitische Schockwellen auszulösen, die um den Planeten laufen werden.

Für Abermillionen von Menschen vor allem im globalen Süden zählt das tägliche Überleben angesichts von Gewalt, Kriegen, Mangel, Krankheiten und Hunger. Fast überall sind Menschen schon jetzt oder in absehbarer Zeit gefordert, historisch einzigartige Umwälzungen der Lebensverhältnisse auszuhalten. Dazu gehören weltweit wirtschaftliche Krisen, Umbrüche auf den Arbeitsmärkten, die sich rasant verkürzende Halbwertszeit von Wissen und Qualifikation, die Notwendigkeit der Mobilität, die Überflutung mit Information, die Polarisierung und Spaltung von Gesellschaften sowie der (gefühlte) Verlust von Gewissheit und Kontrolle.

Dabei beobachten wir ein bislang unterbewertetes Phänomen: Je stärker und unausweichlicher die ökologischen Folgen unserer gesellschaftlichen Fehlentwicklungen spürbar werden, desto mehr Menschen verlieren ihr Zuhause. Die »heimatschützenden« Bestrebungen in den privilegierteren Gesellschaften des Planeten werden immer schriller und radikaler. Gleichzeitig wird für immer mehr Menschen Heimat eine Fiktion. Globale Migration prägt die Gegenwart, und zum großen Teil ist sie nicht ziel-, sondern fluchtgeprägt.

Die negativen Rückkopplungen der von uns ausgelösten Umweltkrise schlagen längst auf uns Menschen zurück – nicht auf alle, aber auf die Schwächsten und Schwachen. Ungleichheit und Ungerechtigkeit verschärfen sich nicht nur in Bezug auf den Zugang zu Ressourcen und Wohlstand, sondern eben auch in Hinsicht auf die Verwundbarkeit im Umweltwandel.

Zu unserer Großen Vergessenheit gehören nicht nur die Ökosystemvergessenheit, also unsere Ignoranz gegenüber den Quellen und Folgewirkungen unseres Konsums, sondern auch die Menschenvergessenheit. Wir leben in einer Zeit beispiellosen Reichtums einiger weniger und galoppierenden Verlusts von Menschlichkeit.

Wir haben vergessen, warum wir überhaupt wirtschaften.

Was ist denn das Objekt unseres Arbeitens und Wirtschaftens, wenn nicht das menschliche Wohlergehen? Wofür wurden Aufklärung und moderne Wissenschaft gestartet, wenn nicht zum Wohle der Menschheit?

Nach wie vor werden Energie, Rohstoffe und Konsumgüter aus allen Teilen der Welt in die reichen Nationen geliefert, um dort vielen Menschen einen Lebensstandard aufrechtzuerhalten, von dem Fürsten früherer Jahrhunderte noch nicht einmal träumen konnten. Doch die Schere zwischen den (wenigen) Gewinnern der Geschichte und den (vielen) Verlierern klafft immer weiter auseinander. Die Verknappung der Ressourcen und die zunehmend gefährlicheren Folgen der Klimakrise wirken wie ein zusätzlicher Katalysator.

Dabei ist nicht das Bevölkerungswachstum in von Armut und Ausweglosigkeit geprägten Ländern das zentrale Problem, sondern es sind die Gründe, welche es weiter antreiben. Und diese Gründe finden sich wiederum im unmenschlichen und naturzerstörerischen Wirtschaftssystem. Die Art und Weise, wie die wenigen Reichen mit dem Planeten und den Menschen wirtschaften, schafft viele Verlierer. Genau diese vielen Verlierer braucht das System aber auch, um weiter wachsen zu können und den Wohlstand der Gewinner zu mehren. Es braucht:

1. die Ärmsten der Armen, die als billige Arbeitskraft ausgenutzt werden können und die Produktionsstandorte erpressbar machen,
2. die vielen Armen, die vom Aufstieg träumen und deshalb menschenunwürdige Lebens- und Arbeitsverhältnisse widerstandslos hinnehmen,
3. einige Aufsteiger, die den globalen Konsum befeuern.

Wenn die wenigen Gewinner des Systems nunmehr die vielen Verlierer durch Geburtenkontrolle abschaffen wollen, um die Welt nachhaltig zu machen, ist dies unreflektiert und zynisch. Es ist richtig, dass wir zu viele Menschen auf dieser Erde sind, die zu viel wollen und zu viel tun. Die Bekämpfung des Bevölkerungswachstums aber ist eine ethisch fragwürdige Scheinlösung.

Tatsache ist auch: Gesellschaftsstabilisierende Wohlstandsversprechen und positive Zukunftsfantasien durch sozialen Aufstieg werden immer unrealistischer und unattraktiver. Teile der jungen Generation sehen sich bereits um ihre Zukunft betrogen. In vielen Ländern wächst das Potenzial für soziale Unruhen genauso wie die Bereitschaft von Machthabern, diese niederzuschlagen.

Unter dem Strich lautet die Diagnose: Wir haben uns gründlich verwirtschaftet. Wäre die Menschheit ein Unternehmen, müssten wir feststellen:

Unser Geschäftsmodell ist überlebt, perspektivlos und defizitär. Die Insolvenzanmeldung ist überfällig.

Das Scheitern der Utopie
Das Menschen- und Weltbild im Anthropozän

Die Hauptwurzel der beschriebenen Krisen ist unsere Ökosystem- und Menschenvergessenheit. Sie geht mit dem Fehlen von Werten und Prinzipien einher. Wir haben uns aus der Realität herausgedacht und reden uns die Gegenwart schön; wir vergnügen uns mit immer bunteren Fantasien und ignorieren die plausiblen Szenarien. Zwischenzeitlich braucht es weitaus mehr als das Umlegen des *green switch*, wie es der UN-Generalsekretär Guterres forderte, oder einen *Green Deal*, wie ihn die Europäische Union orchestrieren will.

Das »Gleiche in grün« wird uns nicht in die Zukunft tragen.

Weder der Umstieg auf Elektro- oder Wasserstoff-SUVs, noch die gerade in Mode kommende, mit gekauften Zertifikaten abgesicherte »Klimaneutralität« ganzer Konzerne bringt uns auch nur einen einzigen Schritt aus der Krise. Denn nach wie vor wird unser Wirtschaften vom Irrglauben an die Unendlichkeit der Ressourcen sowie der Gier nach Wachstum getrieben.

Weil wir es können, nehmen wir uns auch weiterhin das Recht, Naturelemente und -prozesse zu stören und zu vernichten. Was als intuitive Tat Einzelner begann und wegen geringfügiger Wirkungen folgenlos blieb, haben wir inzwischen in unseren nationalen und internationalen Rechtssystemen global *gerecht*fertigt und institutionalisiert. Aus dem rechtlosen Sich-Nehmen, das es immer noch weltweit gibt, wurde natur- beziehungsweise ökosystemvergessene Rechtsprechung.

De facto erhalten wir mit den üblicherweise vergebenen Besitz-, Bau- und Nutzungsrechten die Genehmigung, Naturelemente und die mit ihnen verbundenen Funktionen zu beeinträchtigen oder gar zu zerstören. Wir gebrauchen Natur nicht nur, wenn wir glauben, sie zu besitzen, wir verbrauchen sie sogar. Wir töten Lebewesen – nicht allein, um uns von ihnen zu ernähren, uns mit ihnen zu kleiden oder sie zu verbauen, sondern auch um einige Minuten schneller zum Einkaufen fahren zu können, um uns zu vergnügen oder einfach, weil sie uns gerade im Weg sind. Da wir wissen, dass dies eigentlich nicht *recht* ist, bemühen wir uns um unsere eigene Zähmung.

Tatsächlich gibt es – etwa in Deutschland – schon seit langem vielerlei gesellschaftlich organisierte Nutzungseinschränkungen. Es bedarf etwa der Genehmigung für Brunnenbohrungen, das Fällen von Bäumen im Garten, das Jagen von Tieren und das Bauen von Straßen oder Staudämmen. Bei der Genehmigung wird in der Regel geprüft, ob arten- und naturschutzrechtliche Bedenken vorliegen. Dabei gilt zum Beispiel im deutschen Recht, dass Beeinträchtigungen der Natur »vorrangig« zu vermeiden seien. Gleichzeitig wird davon ausgegangen, dass solche Beeinträchtigungen unvermeidlich sind. Entsprechend wurde im Naturschutzrecht sogar festgelegt, dass nicht vermeidbare erhebliche Beeinträchtigungen durch Ausgleichs- oder Ersatzmaßnahmen oder, soweit dies nicht möglich sei, durch einen Ersatz in Form von Geld zu kompensieren seien. Eine derartige Rechtsprechung kann nicht nur keinen Schaden von der Natur abwenden, sondern sie schreibt zudem keinerlei Verpflichtung zur Förderung der Funktionstüchtigkeit des Ökosystems vor.

Der Vollzug dieses Kompensationsrechts ist häufig sehr banal, dergestalt, dass etwa auf einer stillgelegten Ackerfläche Bäume gepflanzt werden, um die Abholzung eines Waldes zu wiedergutzumachen. Dabei wird ignoriert, dass für das Anlegen des Ackers in der Vergangenheit bereits Wald gerodet wurde. Diese Rodung kann nun – wenn alles gutgeht – nach Jahrhunderten oder gar Jahrtausenden auf der aufgeforsten Fläche mehr oder weniger kompensiert werden, nicht aber die neue Rodung, die die Pflanzung auslöste. Zudem wird ausgeblendet, dass die Stilllegung der Ackerfläche mutmaßlich die Einrichtung neuer Anbauflächen oder aber die Intensivierung der landwirtschaftlichen Nutzung irgendwo anders verursacht, um wiederum den Verlust von Anbaufrüchten auszugleichen. Im schlimmsten Fall verlagert sich die Agrarnutzung in anfälligere, produktivere, ökologisch wertvollere Ökosysteme auf anderen Kontinenten und trägt dort zur Verknappung von Land und Entstehung von Unrecht bei.

Gesetzgeber und diejenigen, die das Recht anwenden, lügen sich also in die Tasche, beziehungsweise verschieben das Problem von einer Tasche in die andere und verschleiern den Tatbestand der Ökosystem(zer)störung. Sie blenden aus, wie Natur beziehungsweise Ökosysteme funktionieren, wie die Inanspruchnahme Funktionen beeinträchtigt oder gar irreversibel zerstört. Sie beziehen die Gesetze der Natur nicht ein. Die Idee, dass die Zerstörung eines Naturelements, eines lokalen Ökosystems, an anderer Stelle kompensiert und wiedergutgemacht werden kann, ist Selbsttäuschung und vor allem durch Gesetze geregeltes Unrecht. Gleiches gilt für die Vorstellung, dass Naturvernutzung und Flächenverbrauch ohne Nettoverlust von ökologischer Arbeitsfähigkeit realisiert werden könnten. Das führt letztlich zu völlig absurden Konzepten, in denen sich Naturzerstörer sogar vor den Eingriffen *Ökokonten* einrichten und mit Zerstörungsrechten bevorraten können.

Autonome Elektroautos auf Autobahnen mit mehr Grünbrücken zwischen absterbenden Bauminseln werden uns nicht in das 22. Jahrhundert fahren. Ein paar Blühstreifen am Rande von quadratkilometergroßen, ausgetrockneten Agrarwüsten werden uns weder Insekten noch lebendige Böden zurückbringen. Voll digitalisierte Präzisionslandwirtschaft wird nicht die Ströme flüchtender Menschen verhindern, denen in der näheren Zukunft das Wasser wegbleibt. Aus Namibia exportiertes Buschholz wird Hamburgern nicht die Strom- und Heizungsversorgung sichern. Als vermeintlich nachhaltig zertifizierte Riesenkahlschläge in nordrussischen Urwäldern werden uns nicht länger die Versorgung mit Zellstoff garantieren. Südamerikanische Soja wird Deutschen nicht länger erlauben, Fleisch für den Export zu produzieren. Klimaneutrales Streaming der schönsten Netflix-Serien und Tiktok-Videos werden uns nicht mehr jahrzehntelang von den schlechten Nachrichten zum Kollaps von Ökosystemen und Gesellschaften sowie den erbitterten Ressourcenkonflikten ablenken.

Es ging alles lange gut. Auch aufgrund einer der erstaunlichsten Eigenschaften des Menschen, die uns als Art überaus erfolgreich gemacht hat: Anpassungsfähigkeit. Wir passen uns nicht nur an neue Ressourcen und Umweltbedingungen an, sondern sind in der Lage, bei Bedarf Gefährliches schönzureden oder kurzfristig in Bösem auch Gutes zu sehen. In kürzester Zeit können Individuen und Gesellschaften ein »neues Normal« definieren, die sogenannten *shifting baselines*. Doch diese Erfolgseigenschaft führt gegebenenfalls auch direkt in die Falle.

Gerade die von uns verursachten großen ökologischen Krisen wie der Klimawandel lassen sich auch heute noch geflissentlich ignorieren, dazu waren die Veränderungen lange Zeit zu langsam, in menschlichen Jahren kaum messbar. Anders als zum Beispiel in einer Virus-Pandemie sind Todesfälle individuell kaum darauf zurückführbar und der Druck zum Handeln ist eher intellektuell oder ethisch begründet, nicht aber einer akuten Bedrohung geschuldet. Jede einzelne Katastrophe wird energisch bekämpft, aber eben als Einzelfall. Mit jeder Überschwemmung wachsen Zahl und Höhe der Dämme – das bietet scheinbaren Schutz, das Hinterfragen der Ursachen für dramatisch zunehmende Extremwetterlagen kann unterbleiben. Denn die Antworten darauf würden unser System des Wirtschaftens, unseren Umgang mit den Ressourcen des Ökosystems Erde, unseren Konsum, unser Eigentums- und Alterssicherungssystem in Frage stellen.

Solche wahrhaftigen gesellschaftlichen Umbrüche zu denken, davor scheuen wir zurück. Also reden wir uns die Zukunft schön. Wir wissen zwar, dass wir uns ändern müssen, der Begriff der *Transformation* geistert durch die öffentlichen Debatten. Doch wie alle an den Rand gedrängten Gesellschaften vor uns scheuen wir vor grundlegenden Veränderungen des Überkommenen und Überlebten zurück.

Stattdessen schaffen wir uns eine neue Erzählung für die schöne neue Zukunft: das universelle Heilsversprechen der digitalen Utopie.

Zwischenzeitlich meinen die meisten Akteure, insbesondere in der Wirtschaft, wenn sie von *Transformation* sprechen, genau dies: die Transformation in eine digitale Gesellschaft; die Flucht nicht nur der Menschen, sondern auch der Profite in den virtuellen Raum, gleichsam in ein sauberes und berechenbares Ökosystem, das wir Menschen geschaffen haben und wir Menschen auch kontrollieren können. Das heißt, einige wenige von uns.

Damit das funktioniert, wird die Digitalisierung als Antwort auch auf Klimakrise und Umweltkollaps verkauft, als Motor der Nachhaltigkeit, als Hilfsmittel, um geplagte Ökosysteme zu retten. Wir pflanzen Chips in Bäume, lenken digital Flüsse, kartieren die

Welt bis auf den letzten Zentimeter und steuern optimale Ernten mit digitalen Wettermodellrechnungen in Echtzeit.

Tatsächlich ist diese digitale Utopie gleich mehrfach problematisch:

Zum einen ist die Erschließung neuer fossiler Rohstoffquellen heute ohne die digitale Vermessung der Welt nicht mehr denkbar. Suche, Erkundung und letztlich Förderung von Öl, Kohle und anderen Energieträgern ist ein hoch digitalisierter Prozess – genauso übrigens wie die Aufbereitung und letztlich die Energieumwandlung in Kraftwerken und anderen Prozessen. Die Digitalisierung macht diese Prozesse dabei in der Tat effizienter. Sie macht dadurch aber auch erst die Erschließung von Ressourcen ökonomisch interessant, die anders ungenutzt geblieben wären. Sie verschiebt den Druck, nach grundsätzlichen, realistischen, nachhaltigen Lösungen zu suchen, um weitere wertvolle, vielleicht entscheidende Jahre.

Zudem ist die Digitalisierung kaum Motor für Nachhaltigkeit sondern eher Motor für Wachstum. Als Spitzentechnologie einer hochkomplex industrialisierten, globalen Wirtschaft treiben die Bedürfnisse der Digitalbranche zahlreiche andere Industriesektoren an.

Dazu zählt nicht allein der unvorstellbar hohe Energieverbrauch, den digitale Strukturen und Prozesse heute generieren.

»Wachsen, wachsen, wachsen!« ist das Mantra der digitalen Welt. Es verwechselt Größe mit Relevanz, Beschleunigung mit Fortschritt.

Grundsätzlich ist nur eine hoch innovative, auf brutalstmögliches Wachstum ausgerichtete industrielle Gesellschaft in der Lage, in kürzesten Intervallen immer neue technologische Sprünge zu generieren. Zum Wesen der Digitalisierung gehört eine extreme Beschleunigung von Innovationsprozessen. Seit die ersten Computer für den Massenmarkt zugänglich wurden, stehen die Konkurrenten in einem ununterbrochenen Wettbewerb der technischen Aufrüstung.

Die Wiedereingliederung des Menschen in das von ihm so sehr beschädigte Ökosystem durch die Digitalisierung ist also einerseits eine verquere Utopie und andererseits ein Katalysator für die Verschärfung existierender Probleme. Die Wachstumsgesellschaft hat die ökologischen und ökonomischen Grenzen des Planeten längst überschritten. Die Digitalisierung hilft dabei, letztere noch ein Stück weiter auszudehnen und die Folgen noch ein wenig länger zu ignorieren. Sie ist damit letztlich keine nachhaltige Therapie für unseren todkranken Planeten, eher eine Schmerztablette oder ein Narkotikum, in weiten Teilen sogar nur ein Placebo.

Die Perversion erreicht ihren Höhepunkt, wenn die Mahner der ökologischen Grenzen als Ideologen und Utopisten gebrandmarkt werden – und wir rein fiktive Werte wie zum Beispiel Bitcoins schürfen, indem wir nichts weiter tun, als kostbare Energie zu verbrennen. Wer in dieser digitalen Welt die Lösung unserer Probleme sucht, hat sich tief in einen Zweckutopismus verrannt, der am Ende nichts weiter leistet, als uns im Anblick des kollektiven Untergangs mit offenen Augen zu sedieren.

Die Tragödie des Wissens
Grenzgänger, die keine Grenzen kennen (wollen), leben gefährlich

In der Geschichte der Menschheit hat sich das Wissen stetig vermehrt. Aktuelle Schätzungen gehen davon aus, dass sich das Wissen im Tagesrhythmus oder gar noch schneller verdoppelt. Um 1900 betrug die Verdopplungszeit noch ungefähr ein Jahrhundert und 1945 vielleicht 25 Jahre. Eine Grundannahme hat sich jedoch bis heute nicht bestätigt:

Ein Mehr an Wissen führt nicht zwangsläufig zu einem Mehr an Moral.

Zunächst führt noch nicht einmal das Wachstum an Information zu mehr Wissen, geschweige denn zu Weisheit.

Für den griechischen Philosophen Sokrates war die Menschlichkeit noch eng mit der Mehrung des Wissens verknüpft. Er war davon überzeugt, dass jeder Mensch eine natürliche Anlage in sich trägt, gut und somit auch glücklich zu sein. Folglich genügte es seiner Meinung nach, das *Gute* zu wissen, um es auch zu tun. Wer dagegen Böses tue, sei ein Opfer seines fehlenden Wissens. Das Wissen der heutigen Individuen und der Menschheit übersteigt das Wissen zur Zeit von Sokrates um unvorstellbare Dimensionen. Die Frage von Gut und Böse hat dies offenkundig nicht gelöst. Dafür hat sie neue Phänomene geschaffen: die Beliebigkeit des

Wissens, die wissensbasierte Bösartigkeit und den Kontrollverlust durch nicht beherrschbare Information.

Selbst der gebildetste Mensch kann heute nur einen winzigen Bruchteil des Menschheitswissens zur Kenntnis nehmen.

Dieser Bruchteil wird durch das ungeheure und globalisierte Schaffen von Wissen im Vergleich zum Menschheitswissen täglich kleiner. Wir *wissen* nicht zu viel, obwohl wir durchschnittlich älter werden und immer länger lernen. Aber es gibt zu viel Information. So viel, dass sie nicht mehr gewusst werden kann. Also müssen wir auswählen. Oftmals wählen andere für uns aus. Und sollten wir es doch einmal selbst tun, neigen wir dazu, uns für jenes Wissen zu begeistern, das unsere Ansichten, unsere Meinungen, unsere Haltung, unsere Urteile und Vorurteile bestätigt.

Homo sapiens ist zugleich auch *Homo ignorans*. Menschen vermeiden oft Wissen, das verstört oder beunruhigt. Es gibt sogar Akademiker und Akademikerinnen, die die Nachrichten ausschalten, wenn sie zu schlecht werden. Das Wissen über die krisenhafte Welt wird immer verstörender und wirft immer größere Fragen auf. Die große Verstörung treibt viele Menschen in bewusste Ignoranz – und dann auch allzu leicht in scheinbare Wahrheiten oder die Flucht in Fantasiewissen. Ob Leugnung, Ignoranz oder Eskapismus – die, die sich nicht auf das ständig erneuernde, anstrengende und oft verstörende Wissen einlassen, laufen Gefahr, wenig zu reflektieren. Allzu leicht sind sie sich dann ihrer Sache – und ihres relativ begrenzten Wissens – sicher. Wer wenig weiß und nicht wissen will, hat oftmals kein gutes Gefühl für die eigenen blinden Flecken – das Nichtwissen, von dem wir nicht einmal wissen, dass wir es haben. Die verschiedenen Formen des Nichtwissens wie Unsicherheit, Unbestimmtheit, Ignoranz und die blinden Flecken bilden ein System. Bei fehlender Reflexion interagieren sie miteinander und treiben uns ohne Weiteres entweder in Hybris oder in Verwirrung – oder noch gefährlicher: beides.

Als hätte es dieser Einsichten überhaupt noch bedurft, hat uns die Corona-Pandemie Anfang der Zwanzigerjahre des 21. Jahrhunderts besonders drastisch vor Augen geführt, wie auch »gebildete« Menschen rasch in Verschwörungsnarrative abgleiten können. In Zeiten der Krise und Unsicherheit haben es nachprüfbare und mühevoll erarbeitete wissenschaftliche Befunde besonders schwer – vor allem, wenn sie komplizierter sind als die »alternativen Fakten«. Die autoritär-postfaktische US-Präsidentschaft des Donald Trump führte der Welt deutlich vor Augen, dass der Firnis von Zivilisation und Bildung auch in einem Mutterland von Demokratie und Spitzenforschung dünn ist.

Auch ein Dreivierteljahrhundert nach Hitler und Goebbels ist kein Land gefeit vor Propaganda und politischen Religionen, die selbst Bildungsnationen zu wenden vermögen. Wer sich nicht erklären kann, wie das sogenannte Volk der Dichter und Denker in den 1930er Jahren rasant Desinformation, Hass und Barbarei verfallen konnte, lebt jetzt in der richtigen Zeit. Die aktuelle Melange aus Klimawandel- und Pandemieleugnung sowie Impfgegnerschaft mit assoziierten irren Verschwörungsmythen etwa zu Bill Gates' Weltherrschaftsambitionen lässt die Wiederholung von dunkelsten Kapiteln der Geschichte wieder denkbar werden.

Zu viel Information schafft Weisheit ab.

In den Zeiten des Internets und des Informationsüberflusses sind wir nur bedingt klüger geworden und schon gar nicht weise. Vielmehr ist die Propaganda heute weitaus gefährlicher, weil sie in Echtzeit in der gesamten Welt potenziell ein Milliardenpublikum erreicht, dank Technologien, die die Wirrköpfe mindestens ebenso effektiv vernetzen wie die kritischen Denker.

Wenn das Leugnen akuter Probleme zur Strategie ihrer Bewältigung wird, war das schon immer gefährlich. Wenn in Zeiten globalisierter Bedrohungen Menschen sich voll Misstrauen von globalen Institutionen und aufwendig erarbeiteten wissenschaftlichen Erkenntnissen abwenden, sich in Renationalisierung stürzen und eigenen vermeintlichen Wahrheiten frönen, wird die Wissenskrise (noch eine Krise!) zur größten von allen.

Mit der global wachsenden Zahl von Menschen, die immer weniger vom Ganzen wissen (wollen), aber in einer Welt leben, in der die Halbwertszeit relevanten Wissens rapide abnimmt, explodiert die Wissenskrise ins Unermessliche. Wir sind dabei, uns zu verwissen.

Wir beherrschen unser Wissen nicht mehr, wir haben die Kontrolle verloren.

Menschen, die nicht über das gleiche Wissen verfügen, bewerten neue Informationen unterschiedlich und kommen oft zu gänzlich abweichenden Schlussfolgerungen. Die Uneindeutigkeit nimmt zu. Die unmittelbare Folge ist ein Zerfall unserer Gesellschaften in verschiedene Wissensgemeinschaften, die überaus anfällig sind gegenüber digital potenzierter Propaganda. Die Möglichkeiten für die gleichmäßige Verbreitung von theoretisch ortloser Information schwinden, und der gesellschaftliche Konsens verpufft. Das passiert uns nun ausgerechnet in einer Zeit, in der die Dringlichkeit, Wissen zur Lösung von globalen Problemen zu verwenden, geradezu erdrückend ist.

Die daraus leicht resultierende Beliebigkeit ist die wahre Tragödie des Wissens. Sie entwertet Wissen, weil es so kaum noch als Handlungsgrundlage taugt. Blicken wir zurück auf Sokrates, heißt es heute: Wer Böses tut, ist kein Opfer fehlenden Wissens, sondern falsch gewählten oder ignorierten Wissens. Wo Wissen aber zur – zufälligen oder selbstbestätigenden – Wahl wird, ist Böses im sokratischen Sinn schwer vermeidbar, auch wenn der Wille gut ist. Neue Formen der Bösartigkeit ergeben sich auch durch die digital immer leichter fallende Manipulation von (Nicht-)Wissen größerer Bevölkerungsteile.

Unser Wissen ist am Ende oft nur eine Illusion. Denn wir erliegen immer wieder den immer gleichen Fehlschlüssen. Unser Menschheitswissen ist so umfassend, dass wir als Individuen keine Grenzen erkennen können. In der Folge erscheint uns unser Wissen grenzenlos. Das detaillierte Wissen über die Natur suggeriert uns, wir könnten diese beherrschen. In der Summe führen beide Fehlschlüsse zur vermutlich größten und folgenreichsten Illusion der Menschheitsgeschichte: Die Illusion der grenzenlosen Beherrschbarkeit, während wir gleichzeitig schlafwandelnd zu Grenzgängern geworden sind.

Das theologische *dominium terrae* der Genesis formuliert es in seiner ganzen Fatalität: »Seid fruchtbar und mehret euch und füllet die Erde und machet sie euch untertan und herrschet über die Fische im Meer und über die Vögel unter dem Himmel und über das Vieh und über alles Getier, das auf Erden kriecht.«

Wir glauben, die Natur zu beherrschen; trunken von scheinbar grenzenlosem Wissen, getragen von der Illusion der völligen Beherrschbarkeit der Natur, geblendet vom Vergessen des Nichtwissens.

Je mehr wir wissen, desto unbedeutender erscheint uns heute tatsächlich das Nichtwissen. Genau das aber ist die Tragödie des Wissens. Platon, selbst Schüler von Sokrates, sah den Menschen, der um sein Nichtwissen weiß, »eine Kleinigkeit weiser«. Das ist eine maßlose Untertreibung. Heute ist, eben aufgrund des ungeheuren menschlichen Wissens, die Gefahr des ignorierten Nichtwissens besonders groß, ja existenzkritisch für uns Menschen. Unsere Einwirkungsmächtigkeit auf die Natur hat eine gefährliche Größe erreicht. Welch großartiges Paradoxon:

Wir haben so viel Wissen erworben, dass wir mit ihm das globale Ökosystem verändern, aber wir wissen nicht, was wir tun.

Was wir heute anrichten, weil wir zu wissen glauben, was wir tun, ist – wie uns zum Beispiel die Klimakrise oder die kollabierende Artenvielfalt zeigen, zunehmend in menschlich erfassbaren Zeitachsen unumkehrbar. Wir glauben zu wissen, was wir tun. Aber wir wissen es eben nicht. Manche wissen es (ein bisschen). Also könnten wir es alle wissen. Doch wir wollen es nicht.

Wir Menschen haben eine in der Evolution unschätzbar wertvolle Fähigkeit entwickelt: Wir können beurteilen, welches Verhalten uns nutzt. Das gilt gleichermaßen für Werkzeuge. Die Fähigkeit zur Wahl des angemessenen Werkzeuges ist eine Schlüsselstelle in der Menschwerdung des Affen. Auch Wissen(schaft) ist ein Werkzeug. Entsprechend nutzen wir Menschen auch unser Wissen nach diesem Kriterium: Je nützlicher Wissen zu sein verspricht, desto mehr interessiert es uns, desto mehr leitet es unser Handeln an.

Das führt zu einer Schizophrenie des Wissens: Technisches Wissen und kurzfristig ökonomisch verwertbares Wissen jeder Art sind nützlich und werden zur Handlungsgrundlage. Ökologisches Wissen, durchaus vorhanden und für eine naturverträgliche und zukunftsfähige Gesellschaft von essenzieller Bedeutung, ist nicht unmittelbar nützlich und deshalb von geringer gesellschaftlicher Bedeutungskraft.

Im Grunde wissen wir, was wir gerade anrichten. Es interessiert uns nur nicht.

Und wir machen es uns leicht, unser Verhalten zu begründen. Uns genügt der Teil des Wissens über die Natur, der uns bei deren vermeintlicher Unterwerfung nützlich ist. Aus diesem (hoch selektierten Teil-)Wissen über Natur beziehen wir unsere Macht.

Wir verwechseln unser Wissen über die Natur mit Macht über die Natur.

Tatsächlich bildet selbst der nahezu unbegrenzt scheinende Wissenskosmos über die Natur nur einen marginalen Anteil der realen Zusammenhänge und Prozesse ab. Selbst wenn unser Naturwissen um ein Vielfaches vollständiger wäre: Aus diesem Wissen Macht abzuleiten, ist ein Fehlschluss.

Wir sind ein Teil der Natur. Ein für die Funktion des Ökosystems Erde relativ unbedeutender Teil. Wir werden immer ein Teil dieses Systems bleiben und vollständig dessen Gesetzen und Grenzen unterworfen sein. Diese Grenzen sind oft weich, sie sind träge. Aber sie sind nicht nachgiebig. Auf Grenzüberschreitungen reagiert die Natur immer, im Grunde auch schnell – in erdgeschichtlichen Zeiträumen. Da diese Zeiträume unsere kleine, begrenzte Vorstellungskraft übersteigen, erscheint es uns so, als gäbe es diese Reaktionen nicht.

So haben wir diese Grenzen in der Vergangenheit – vermeintlich – verschoben. Erst langsam, dann weiter und immer weiter. Erst haben wir das Dorf am Oberlauf des Flusses mit Deichen geschützt, dann das Tal eingedeicht, den nächsten Ort, die Stadt. Doch das nächste Hochwasser kommt immer. Fehlt der Platz, werden die Deiche überflutet. Also werden die Deiche höher, das Hochwasser auch. Statt der Natur den nötigen Raum zu lassen, die natürlichen Grenzen zu akzeptieren, verschieben wir sie. Doch am Ende kostet uns das nur Zeit, Ressourcen – und Menschenleben. Das Wasser beeindruckt es nicht.

So kam es, dass wir heute – in der Natur – einen unnatürlichen Lebensraum geschaffen haben, den wir ohne ständige weitere Anstrengungen und immer weitere Schäden an der Natur nicht aufrechterhalten können. Die treibenden und gestaltenden Kräfte unseres Bestrebens, diese Siedlungen zu entwickeln, sind kosteneffiziente Mobilität und Logistik sowie das Material. In unseren Groß- und Megastädten muss der Verkehr fließen, die Anbindung muss günstig sein, der Büroraum billig. Architekten wollen mit neuen Formen und Symbolen beeindrucken, das technisch Machbare bauen. Extrem selten geht es um Lebensraum, der Menschlichkeit erblühen und sich entfalten lässt. Auf der Suche nach einer besseren Welt hat sich der Mensch einen antinatürlichen Aufenthaltsraum geschaffen, der wiederum auch der Natur des Menschen nicht mehr gerecht wird.

Am Ende können wir mit unserer Strategie der Naturbeherrschung und der Attitüde des Natur-Kultur-Antagonismus nur untergehen. Und mit ihr die Philosophie der Aufklärung, die die Beherrschung der Welt durch den Menschen postulierte, und tatsächlich noch immer die Quelle all unserer vorherrschenden gesellschaftlichen, wirtschaftlichen und politischen Konzepte ist. Die Aufklärung brachte uns die Freiheit des Denkens und die Idee der Gleichheit der Menschen – und ist dennoch grandios gescheitert: Sie hat uns den Utilitarismus und die Ökosystemvergessenheit beschert – und sie hat zugelassen, dass der Mensch auf der Strecke blieb. Heute sehen wir die Folgen dieser Vergessenheit: Das Klima kippt, nicht nur die Böden, sondern auch unsere Gesellschaften erodieren. Wir müssen feststellen:

Am Ende beherrschen wir gar nichts.

Der *Club of Rome* fordert eine »neue Aufklärung für eine volle Welt«. Mit Vernunft und Wahrheitssuche sollten nun Schnelligkeitsrausch und Expansionismus gedämpft werden. Doch das kann nichts werden, wenn der *Vernunft einiger* nicht die *Menschlichkeit für alle* an die Seite tritt. Auch diese neue Aufklärung wird scheitern, wenn die Wahrheitssuche nicht durch die Anerkennung unserer Beschränktheit geerdet wird. Eine Auflösung von Unsicherheit und Uneindeutigkeit wird es nicht geben, selbst wenn wir uns die tollsten Technologien erdenken sollten.

Die reine Vernunft ohne Menschlichkeit und ohne Prinzipien ist eine Gefahr, sie führt sich selbst *ad absurdum*. Die Aufklärung 1.0 hat bereits zu technologisch beeindruckenden Ergebnissen geführt, zu Fabriken, moderner Medizin und künstlicher Intelligenz. Die Cyborgs, die Menschroboter, könnten in der Logik der Aufklärung die besseren Menschen sein. Diese optimierten Menschen mit ihrem Zugang zum Weltwissen durch Vernetzung der Gehirne – *extended intelligence* – und ihrer Kontrolle störender Emotionen wären besser dafür geeignet, sich effektiv zu bilden, und sie wären weniger leicht von der Wahrheitssuche abzulenken. Sich auf solche Szenarien einzulassen, die längst nicht mehr Gedankenspiele sind, sondern Gegenstand der Forschung, zeigt, wie weit wir gekommen sind in unserem Bestreben, die Beschränkungen der Natur und unserer eigenen Biologie gänzlich hinter uns zu lassen.

Wir führen Krieg gegen die Natur, aber es gibt keinen Kampf zwischen Mensch und Natur, zumindest keinen Kampf, den der Mensch gewinnen kann – und die Cyborgs auch nicht. Es gibt auch keinen Antagonismus zwischen Mensch und Natur. Es gibt nur eine Weltordnung:

Wir sind Teil der Natur, nicht ihr Herrscher.

Wir können die Natur nicht steuern, aber sehr wohl sie derart verletzen, dass wir selbst untergehen.

Wir können gestalten, verändern, steuern, optimieren – aber nur *in* der Natur und den natürlichen Grenzen. Jede Grenze, die wir ignorieren, die wir vermeintlich überschreiten, wird uns Schaden zufügen. Vielleicht nicht allen Menschen, vielleicht nicht jetzt, vielleicht nicht dort, wo sie überschritten wurde. Aber es passiert. Es passiert schon lange. Immer wieder und überall. Brutale Stürme, gewaltige Überschwemmungen, gnadenlose Trockenheit, versiegende Brunnen, sterbende Wälder, erloschene Arten sind die an sich unmissverständlichen Botschaften. Doch wir verstehen sie nicht, weil wir in unserem Wahn der Beherrschbarkeit gefangen sind. Wir glauben, nur wir könnten »reparieren«, was wir angerichtet haben. Wenn die Autobahnen ein Problem für Tierarten sind, bauen wir ihnen eben Grünbrücken. Unsere Wälder »bauen wir um«, wir machen sie jetzt »klimatolerant«. Aus Landwirtschaft wird digitalisiertes *precision farming*. Wenn durch den Anstieg des Meeresspiegels ganze Strände von einer Flut fortgerissen werden, spülen wir sie mit Sand aus dem Meer wieder auf. Wir bauen auch neue Inseln. Unsere Bewässerungssysteme werden immer ausgefeilter, unsere Energieverschwendung »regenerativer«. Vom Maschinen-Engineering schreiten wir fort zum Bio- und zum Geo-Engineering. Wir betreiben Klima»schutz«, Umwelt»schutz« und Natur»schutz«. Gerade so, als wären wir planetare Schutzherren. Das sind wir nicht. Wir sind das Problem, nicht die Lösung.

Die Natur braucht nicht unseren Schutz. Wir brauchen Respekt vor ihr.

Das nötige Wissen haben wir. Wir wissen genug, um uns ein Gutes Leben in der Natur einzurichten. Wir wissen nicht genug, um uns die Erde zu unterwerfen. Und das wird so bleiben.

GRUNDLAGEN DES

ÖKOHUMANISMUS

IN ZEHN THESEN

Die Idee des Ökohumanismus ist keine komplexe Ideologie. Sie erfindet keine neuen Begrifflichkeiten. Sie kommt ohne Mystik und religiösen Eifer aus. Sie teilt die Menschheit nicht in »gut« und »böse« ein. Sie kennt keine Gegner und verheißt kein Paradies. Sie verspricht nichts und verurteilt niemanden. Und sie erwartet keinen Glauben. An Jüngern hat sie kein Interesse.

Letztlich basiert sie auf zwei einfachen Grundsätzen:

1. der Akzeptanz der ökologischen Grenzen und unserer Rolle als Bestandteil dieses Ökosystems und

2. dem universellen Menschenrecht auf ein Gutes Leben für alle Menschen heute und in den folgenden Generationen.

Alles andere ergibt sich daraus. Denken wir diese beiden Grundsätze weiter, legen wir sie an die großen Herausforderungen unserer Zeit an, betrachten wir Klimawandel, soziale Ungerechtigkeit, Krieg, Flucht und Vertreibung und andere scheinbar unlösbare Probleme vor diesem Hintergrund, ergeben sich faszinierende Antworten. Lassen wir uns darauf ein, ergeben sich ungeahnte Möglichkeiten. Wir sehen sie meist nur deshalb nicht, weil wir einen oder beide Grundsätze des Ökohumanismus nicht als absolut betrachten, sondern als beliebig, als verhandel- oder verschiebbar, als sekundär. Als würden wir durch unser wirtschaftliches und technologisches Gebaren bessere Bedingungen schaffen, damit dann zukünftige Generationen die beiden Grundsätze respektieren lernen. Das tun wir nicht.

Konsequent angewendet, bietet der Ökohumanismus Antworten auf alle großen Fragen unserer Zeit. Seine Botschaft ist deshalb eine grundsätzlich positive. Sie strahlt Optimismus aus, weil Menschsein und Ökologie vereinbar sind und weil unsere Befähigung zur Menschlichkeit gleichermaßen zur Lösung der sozialen und der ökologischen Frage beitragen kann. Zu dieser positiven Zukunftsorientierung laden wir ein – indem wir den Ansatz des Ökohumanismus mit zehn grundlegenden Thesen ganz praktisch darstellen. Sie zeigen, dass die Ideen des Ökohumanismus uns zukunftsfähig machen können, wenn wir sie konsequent denken. Einige dieser Thesen klingen harmlos, andere radikal oder gar utopisch. Doch das ist nicht die Schuld der Thesen (oder der Autoren). Tatsächlich zeigt die wahrgenommene Radikalität uns nur, dass unser aktuell herrschendes Denken in dieser Frage am rückständigsten ist. Die von uns hier vorgeschlagenen zehn Thesen des Ökohumanismus lauten:

1. Zwischen Mensch und Natur herrscht kein Widerspruch.
2. Die Weisheit ist in uns allen.
3. Die Natur hat immer Recht.
4. Es gibt kein Eigentum.
5. Wirtschaft ist ein Werkzeug.
6. Technik ist keine Befreiung.
7. Glauben ist keine Handlungsanweisung.
8. Menschlichkeit ist eine Kompetenz.
9. Die Politik sind wir.
10. Alles ist eine Frage der Prinzipien.

Wir hatten es am Anfang des Buches erwähnt: Es geht darum, ein *Geerdetes Denken* zu trainieren. Dazu sollen die folgenden Thesen anregen. Lösen sie ein Nachdenken aus, ist das gut. Inspirieren sie zum Weiterdenken – und dann auch zum Handeln – ist das natürlich noch besser. Auch wir Autoren haben noch längst nicht alles zu Ende gedacht.

Denken wir also miteinander; die Richtung ist: von der Natur zum Menschen hin.

1. Zwischen Mensch und Natur herrscht kein Widerspruch
Ein Freund der Erde ist ein Freund der Menschheit

Das Ökosystem Erde bietet uns alle nötigen Ressourcen und setzt uns zugleich unverhandelbare Grenzen. Wir müssen uns der Natur nicht unterordnen, aber wir müssen uns als Teil des Ganzen begreifen. Das ist Verantwortung, eine Machtfrage und auch ein Menschenrecht.

Uralt ist die Erkenntnis, dass wir Natur sind. Doch ausgerechnet Aufklärung und moderne Wissenschaft haben uns in die *Große Vergessenheit* geführt. Wir haben heute Einsicht bis in die letzten molekularen Prozesse und Mechanismen der biologischen Evolution. Gleichzeitig haben wir ein globalisiertes, technologiebasiertes System geschaffen, welches diese Erkenntnisse in eklatanter Form ignoriert.

Wir sind eine vernunftbegabte Art. Doch wir nutzen diese Vernunft, um immer unvernünftiger gegen das uns tragende System zu wirtschaften und uns in akute Gefahr zu bringen. Gleichzeitig kultivieren wir die Ideologie, der Mensch sei ein Kulturwesen, dem es mit Hilfe der Versprechungen der Technologie gelingen könne, aus der Abhängigkeit vom Ökosystem auszusteigen.

Zwischen Mensch und Natur besteht kein Widerspruch, die Widersprüche sind in uns selbst. Und sie sind erheblich.

Menschen sind wie alle anderen Arten in diesem globalen Ökosystem eingeordnet, und für alle gelten die Naturgesetze. Wir müssen uns der Natur nicht völlig unterordnen – auch als abhängige Komponente können wir das größere Ganze in einem gewissen Rahmen verändern. Die Natur könnte dadurch eine andere Richtung einschlagen, mit oder ohne uns. Wir müssen dann mit den Folgen leben.

Selbst wenn wir unsere Macht noch weiter ausbauten, noch mehr Energie und Ressourcen mobilisierten und die Biosphäre gründlicher störten als bisher schon, wird die Erde sich weiterhin um ihre Achse drehen. Die biologische und ökologische Evolution auf der Erdoberfläche und in den Ozeanen wird sich dennoch fortsetzen – auch ohne Sibirische Tiger, Afrikanische Elefanten, Walhaie, Nashornkäfer, Korallen, Frauenschuhorchideen, Baumfarne, Rotbuchen oder Mammutbäume. Auch ohne *Homo sapiens*.

Das Leben auf der Erde ist endlich. Lange Zeit, bevor dereinst die schwächelnde Sonne anwachsen und die Erde verbrennen wird, werden außer Mikroben die meisten Lebensformen vergehen. In ungefähr einer Milliarde Jahren wird den Pflanzen das Kohlendioxid für das Wachstum ausgehen, und es folgt das Ende der Sauerstoff-Atmosphäre. Diese Ergebnisse aus Astronomie und Atmosphärenforschung können verstören und auch entlasten. Es ist nicht unser Job, diese Welt zu retten. Wir Menschen sind nicht das Problem des Planeten, wir sind ein Problem für die Menschen.

Die Ungerechtigkeit hat nunmehr drei Dimensionen. Zu direkter Unterdrückung und Anwendung von Gewalt sowie dem Entzug oder dem Vorenthalten von Lebensressourcen ist die Entfesselung von menschengemachten Naturgefahren getreten. Ungerechtigkeit wurde lange als Problem der Kontrolle von Produktivkräften beschrieben; heute müssen wir es vor allem als Zerstörung der Chancen für ein Gutes Leben in unserem natürlichen Lebensraum verstehen. Nun geht es ums Ganze.

Wenn wir anerkennen, dass alle Menschen ohne jegliche Einschränkung Teil des globalen Ökosystems sind, umfassen diese

Grundrechte das Recht auf ein unversehrtes und leistungsfähiges Ökosystem, welches mit seinen Ökosystemleistungen für unsere Existenz und unser Wohlergehen sorgt.

Das Entfesseln der menschgemachten Klimakrise, die Reduktion der Funktionstüchtigkeit der Biosphäre, die Zerstörung und Verschmutzung von fruchtbaren Böden und Gewässern sowie Grundwasserkörpern sind Ökozid und damit auch Homozid. Die Schädigung von Ökosystemen ist Unrecht und ungerecht.

Die Ökologie ist die Schlüsselfrage der Menschheitszukunft. Aber: Die Antwort auf diese Frage ist ohne eine globale Gerechtigkeitswende nicht realisierbar. Wer ein Freund der Erde sein will, muss ein Freund der Menschen sein – und umgekehrt.

Wir sollten nicht länger versäumen, ein Gutes Leben zu führen, weil wir fürchten, ein noch viel besseres zu verpassen.

2. Die Weisheit ist in uns allen
Von und mit der Natur für den Menschen lernen

Was wir Menschen wissen müssen, um in und mit der Natur ein Gutes Leben für alle zu gestalten, das wissen wir. Vordringliche Aufgabe einer Gesellschaft ist es, dieses Wissen zur Grundlage unseres gemeinsamen Handelns werden zu lassen.

Unser Menschheitswissen zum Zustand der Menschheit, der Menschlichkeit und der Erde ist nicht nur abstrakte Information. Es ist von Menschheitserfahrung durchsetzt und vielfach getestet, weshalb wir sagen können, dass es nicht nur Wissen ist, sondern auch Weisheit.

Unser vordringliches Problem ist nicht der Mangel an Wissen. Wir wissen genug, um die Herausforderungen zu erkennen. Wir wissen, was wir tun müssten. Wir erkennen sogar, warum es die gefährlichen Brüche und Lücken gibt zwischen unserem Wissen und dem Handeln. Wir erkennen unsere Grenzen und jene des globalen Ökosystems, wir sehen die Leistungsfähigkeit der Natur – was braucht es mehr?

Wir erkennen unsere riskante Neigung, unser Wissen beziehungsweise die Kontrollfähigkeit zu überschätzen und gleichzeitig die Dimensionen unseres Nichtwissens sowie drohende Risiken zu unterschätzen. Dabei wären wir in der Lage, demütige Strategien für die vor uns liegende, unsichere Zukunft zu entwickeln. Wir haben erkannt, dass eine entsprechend günstige Vorgehensweise, wie das tastende und systematisch aus Fehlern und Erfolgen lernende adaptive Management, schon lange in der Natur existiert. Es funktioniert auf dem Weg der stetigen Verbesserung und wachsenden Arbeitsfähigkeit der Ökosysteme seit Jahrmillionen, ohne dass sich Ökosysteme und ihre Teile dessen bewusst sein mussten. In unzähligen adaptiven Zyklen hangelt es sich durch die Geschichte des Vorankommens und des Scheiterns.

Im Ökosystem wird immer wieder auf den Prüfstand gestellt, was sich zuvor bewährt hat. Die schöpferische Zerstörung überkommener Teilsysteme und Strategien ist Grundlage für die Entwicklung von Neuem, welches das Fortbestehen des Systems sichert. Dabei wird allerdings Information auch nicht leichtfertig verworfen. In der Evolution überlebt keineswegs nur der Tüchtigste – ein folgenschwerer darwinistischer Irrtum. Vielmehr wird Vielfalt bewahrt und mitgeführt, da im Lichte von Umweltveränderungen regelmäßig ganz neu definiert werden muss, was *tüchtig* bedeutet. Es gibt auch keine Ablösung des Kleinen und Einfachen durch das Große und Komplexe. Simple Bakterien waren die Ersten, und sie werden die Letzten sein. Fortschritt in der Natur bedeutet vor allem Kohärenz und Integrität. Es sind Kombination und Kooperation zwischen den diversen Komponenten, die das Ganze funktionstüchtiger machen.

Die Prozesse der biologischen, ökologischen und kulturellen Evolution sind ein ergebnisoffener Umgang mit Information und Wissen, welche im genetischen Code, in der Interaktion der Arten und in Dokumenten gespeichert werden. Die Evolution ist sich – ihrer selbst und ihrer Ergebnisse – niemals sicher. Das ist die größte Weisheit, die in uns allen steckt – in den Ökosystemen und den Lebewesen.

Von und mit der Natur zu lernen bedeutet deshalb, dass wir nicht der Versuchung erliegen sollten, uns über sie zu erheben und uns unser selbst allzu sicher zu sein. Nur weil wir befähigt sind zu erkennen, dass es eine Zukunft gibt, und weil wir uns unterschiedliche Zukünfte ausmalen mögen, können wir diese noch lange nicht erzwingen. Und es gibt uns nicht das Recht, anderen für unsere Gegenwart die Zukunft zu nehmen.

Nur weil wir die Gesetze der Thermodynamik erkennen und viele andere Naturgesetze auch, können wir sie nicht außer Kraft setzen. Wir wissen das. Also sollten wir auch den Mut aufbringen, uns das einzugestehen.

Zur Weisheit gehört außerdem, nicht einzelne Formen des Wissens zu bevorzugen und andere auszublenden. Wir müssen aufhören, dasjenige Wissen zu priorisieren, mit dem wir Bestehendes umgestalten und die ganze Welt scheinbar nach unseren Wünschen umbauen können. Wir müssen uns auch stärker mit dem Wissen beschäftigen, dass uns selbst betrifft. Das ist nicht allein jenes, das wir benutzen, um unsere Krankheiten zu heilen oder unsere materiellen Wünsche zu erfüllen. Es handelt sich um das gesicherte Wissen, welches uns erlaubt, uns selbst als irrationale, emotionale und vor allem soziale Wesen zu verstehen und anzunehmen.

Wir sind Mensch, wenn wir fühlen und mitfühlen, mit anderen Menschen und anderen Lebewesen. Wir sind Mensch, wenn wir andere Menschen haben, um die wir uns sorgen und die sich um uns sorgen. Wir sind Mensch, wenn wir sympathisch und empathisch sein können, wenn wir Respekt entwickeln vor uns selbst, vor den anderen und vor der Natur. Diese fundamentalen Tatsachen und Bedingungen gelten über alle Zeiten und alle Kulturkreise hinweg. Im Menschen war immer das antagonistische Potenzial, Mensch zu sein oder Unmensch zu werden. Unmensch werden wir, wenn diese Bedingungen nicht gegeben sind, wenn nämlich nicht erlaubt ist, sich als Mensch zu erfahren, wenn uns die Bezüge fehlen zu anderen Menschen – und zur Natur.

Wir werden keine besseren Menschen, und es wird uns kein Gutes Leben beschert sein, wenn wir uns von allen Gefühlen befreien und versuchen, den technokratischen Fortschrittsmenschen zu formen und zu bilden, der zur Technik passt, die wir uns geschaffen haben. Die Weisheit ist in der Natur und in uns allen.

Wenn es uns Menschen gelingt, aus unserem Wissen – und vor allem auch aus unserem Nichtwissen – konsequentes Handeln zu generieren, dann manifestiert sich diese Weisheit.

3. Die Natur hat immer Recht
Naturgesetze sind nicht verhandelbar

Wir sind keine Sklaven der Natur, aber wir können sie auch nicht beherrschen. Wir müssen der Natur nicht zum Recht verhelfen, sie setzt es selbst durch. Die Natur braucht keinen Schutz. Aber geschützte Natur ist ein Menschenrecht.

Das einzige realistische Recht, das wir Menschen auf dieser Erde erhalten, ist die Gelegenheit, ein Leben zu führen.

Als abhängige Komponente eines großen Ganzen, des globalen Ökosystems, bedeutet die von ihm erhaltene *Lizenz zu leben* zunächst einmal unser legitimes Recht, diejenigen Ressourcen zu benutzen, die wir für das Überleben benötigen. Diese Lizenz ist wirksam im Rahmen der Naturgesetze, die für alle Organismen gelten und nicht verhandelbar sind. Deswegen hat die Natur immer Recht und sie muss es nicht einklagen.

Kein Frosch, kein Bakterium und kein Baum hat das natürliche Recht, diese Erde sein Eigen zu nennen oder sich andere Organismen zu unterwerfen. Soweit uns bekannt ist, haben sie es auch noch nicht versucht. Aber alle Organismen beanspruchen Platz und Ressourcen, das temporäre Recht, Leistungen der Natur mehr oder weniger exklusiv zu nutzen. Dies geschieht mehr oder weniger kompetitiv. Dort, wo für 500 Jahre ein Baum steht, kann kein anderer wachsen.

Das Konkurrieren um knappe Ressourcen treibt die biologische Evolution, wobei Kooperation und Integration in Symbiosen und in komplexen, sich selbst regulierenden sowie stabilisierenden Gefügen stetig an Bedeutung zunehmen. Ein Ökosystem ist deshalb nie harmonisch oder stabil – es verbessert lediglich für eine gewisse Zeit seine Funktionstüchtigkeit. Diese Funktionstüchtigkeit wird nicht als Wohl oder Wehe der einzelnen Komponenten bemessen, sondern in der Fähigkeit des Gesamtsystems, durch Gewinnung und Bereitstellung von Energie neue physikalische Arbeitsfähigkeit und damit Lizenzen zum Leben zu schaffen. Systeme, in denen das nicht gelingt, kollabieren oder wandeln sich.

Im Rahmen der ökologischen Evolution auf der sich mit Leben überziehenden Erde erhielten die Komponenten des Ökosystems sowie vor allem deren Wechselwirkungen Funktionen zum Wohle des großen Ganzen. Sie leisten Beiträge zur Bereitstellung der Energie, um die Vergrößerung von Nahrungsnetzen und die längere Verweildauer der Energie im System zu ermöglichen. Sie tragen bei zur Stabilisierung der Verfügbarkeit von begrenzten Schlüsselressourcen wie Nährstoffen und Wasser und zur Regulation und Integration des gesamten Gefüges – gerade auch unter Bedingungen des unvermeidlichen Umweltwandels und externer Störungen.

Kurz: Die Organismen tragen zu Effizienz, Resistenz, Resilienz, Suffizienz und Kohärenz bei. Noch kürzer: Sie machen die Ökosysteme nachhaltig.

Die ergebnisoffene biologische Evolution bedeutete keineswegs eine Verpflichtung für die einzelnen *Lizenzhalter*, die Organismen, zu diesem Zweck beizutragen. Allerdings bedeuten die Mechanismen der Evolution bislang, dass einzelne Komponenten, die sich selbst oder ihr Ökosystem stark verändern und der Ressourcen berauben, ihre Lebenslizenz verlieren können – im schlimmsten Falle durch den Kollaps des Lebensraums-Ökosystems.

Mit der Selbsterkenntnis, der Befähigung zur Reflexion unserer Handlungen, unseres Bewusstseins für Zukunft, Endlichkeit und Tod sind wir Menschen mutmaßlich die ersten Organismen, die sich mit Schuldgefühlen plagen und Verantwortung übernehmen müssen. Aus dieser Fähigkeit und dieser Pflicht erwuchs nicht das Recht, die Erde zu besitzen. Vielmehr erhielten wir die Aufgabe, unser Bewusstsein zu nutzen, um die Nutzung der Naturleistungen nachhaltig zu gestalten.

Alle Organismen verdanken ihre Existenz der Nutzung von Ökosystemleistungen. Die Existenz dieser Leistungen erfordert nicht ihre Erkennung. Auch die Menschen benötigten Jahrtausende der kulturellen Evolution, um sich ihrer Abhängigkeit vom globalen Ökosystem bewusst zu werden. Diese Bewusstwerdung kann nunmehr als weitgehend abgeschlossen gelten, auch wenn wir nicht alle Ökosystemleistungen, die uns begünstigen, wirklich verstanden haben. Unser Leben beruht auf den als *versorgende, regulierende* und *kulturelle* bezeichneten Ökosystemleistungen. In dem Moment, in dem sie versiegen, endet unsere Existenz.

Diese Existenz ist gebunden an den Energie- und Stoffwechsel des globalen Ökosystems, sie ist ein Prozess in einem Prozess. Aus unserem Recht, uns durch die Nutzung von Ökosystemleistungen in den Strom des Lebens einzuklinken, und der Tatsache, dass wir dies erkennen, entsteht Verantwortung.

Deshalb reicht es nicht, von einer Sozialpflichtigkeit der Nutzung zu sprechen. Es muss um deren Ökologiepflichtigkeit gehen. Im idealen Falle trägt die Existenz eines Organismus und dessen Nutzung von Ökosystemleistungen dazu bei, dass sich die Funktionstüchtigkeit des großen Ganzen verbessert. Dies ist im Falle einer Grünalge, die Sauerstoff und Nahrung für andere Organismen produziert, augenfällig. Es gilt allemal für einen Baum, der nicht nur das Gleiche wie die Alge leistet, sondern zudem unter anderem auch Habitate für andere Lebewesen bietet, Wasser aus größeren Bodentiefen fördert, zu einem Mikroklima und zur kulturellen Anregung von Menschen beiträgt. Dies gilt auch für einen Wolf, der unter anderem durch die Regulation der Bestände von Pflanzenfressern dazu beiträgt, dass es mehr Bäume geben kann.

Wir Menschen müssen uns fragen, wie wir uns hier einordnen wollen und sollen. Unser Wirken auf dem Planeten hat die Lebenschancen für Haustiere und Kulturfolger, für Ratten und Stubenfliegen verbessert; die Funktionstüchtigkeit des globalen Ökosystems hat sich allerdings damit nicht vergrößert. Nein, vielmehr – in einem Wimpernschlag der Evolution – hat sie sich dramatisch verschlechtert. Weil wir es konnten, weil wir es brauchten, weil wir es nicht reflektiert haben.

Die Natur schreibt uns keine Regeln vor, sie lässt uns in die Irre laufen. Die Natur toleriert auch, dass sich Lebewesen selbst verletzen oder über ihre Verhältnisse leben. Das ist dann Teil der unergründlichen und ziellosen Experimente der Evolution. Die Konsequenzen haben die Lebewesen selbst zu tragen. Im Falle der nicht-reflektierten und nicht oder nur kaum bewusst handelnden Organismen »geschieht ihnen Recht« im Rahmen der Umsetzung der Naturgesetze. Der Mensch aber hat die Möglichkeit, eigenes Recht zu definieren und zu sprechen – vor allem, um in komplexen Gemeinschaften ein Gutes Leben für alle zu organisieren. Es geht darum, mit Hilfe von Konzessionen auf Zeit Ressourcen zu benutzen, ohne das größere Ganze zu beschädigen: weder die soziale Gemeinschaft noch das Ökosystem.

Rechte und Pflichten, die wir uns geben, haben nur eine Berechtigung, wenn sie uns helfen, ein Gutes Leben zu führen, im Einklang mit den Naturgesetzen.

4. Es gibt kein Eigentum
Die Illusion von Besitz braucht neue Antworten

Den Menschen als Teil des Ökosystems zu begreifen, heißt auch, zu erkennen, dass Eigentum nur eine Einbildung ist. Eine höchst gefährliche noch dazu. Man kann nicht etwas besitzen, wovon man ein Teil ist. Und es ist auch nicht nötig: Gutes Leben braucht keinen Besitz. Es ist ein Prozess, der Vorsicht erfordert und Gerechtigkeit.

»Wir haben die Erde nur von unseren Kindern geborgt«, ist ein schön formuliertes, vielfach genutztes Sprichwort unklarer Herkunft zur Beschreibung des Prinzips Nachhaltigkeit, und doch ein großartiger Irrtum! Wir können nicht etwas ausleihen, verleihen oder verkaufen, was wir nicht besitzen. Alles, was heute irgendeinem Menschen auf diesem Planeten *gehört*, ist schon eine Generation später nicht mehr in seinem Besitz.

Es gibt Territorialität in der Natur, viele Lebewesen verteidigen ein Stück Erde gegen Artgenossen, um sich die auf ihm befindlichen Ressourcen nicht streitig machen zu lassen. Die sesshaften Menschen erhoben diese Territorialität zu Besitzansprüchen, die sie – je nach Kultur – nicht nur auf Land und Dinge, sondern auch auf andere Lebewesen, ja sogar Menschen übertrugen. Im Falle von Menschen gilt inzwischen der globale Konsens, dass sie niemand besitzen soll und darf. Fast alles andere wird als Eigentum von Individuen oder Gruppen beansprucht.

Landnahme, Inbesitznahme und Kontrolle von Ressourcen sind die Schlüsseltreiber der menschlichen Geschichte. Und zugleich ist die Illusion von menschlichem Besitz der große gesellschaftliche Irrtum, der der Menschlichkeit im Wege steht. Wesentliche Anteile unseres täglichen Lebens und Wirtschaftens drehen sich nicht um Gutes Leben, sondern um das Erwerben und Sichern von Besitz. Utopien zur Frage des Eigentums und der Gerechtigkeit prägten den Kampf politischer Systeme und scheiterten. Die Ideen zu Privat-, Gemein- oder Volkseigentum – unabhängig davon, wie dieses überhaupt zustande gekommen ist – gehen allesamt von den falschen Voraussetzungen aus.

Abgesehen davon, dass eine abhängige Komponente schon aus logischen Gründen nicht das System besitzen kann, von dem es nur ein Teil ist, sind die gesellschaftlichen Vorstellungen von Eigentum erstaunlich einfach und ungenau. Wir können Land kaufen und besitzen. Wir können spezifische Ressourcen auf dem Land erwerben, etwa die forstlich nutzbaren Bäume – und diese auch nutzen. Gehören uns deshalb alle Organismen auf dem Stück Land, alle Bakterien, Käfer und Regenwürmer? Eher wohl nicht. Ebenso wenig haben wir das Recht, über die Tiere zu verfügen, die kurz über unser Grundstück schweifen, oder die Vögel, die es überfliegen. Schon gar nicht gehören uns ökologische Prozesse auf unserem Land, die Fotosynthese, die Bestäubung, die Verdunstung oder Bodenbildung. Und es ist deshalb auch völlig unsinnig, nach ihrem ökonomischen Wert zu fragen.

Wie groß ist der Wert des globalen Ökosystems für eine abhängige Komponente, die nicht ohne das größere Ganze sein kann? Was ist also der Wert der Lebensgrundlagen der Menschheit? Wenn wir Menschen den ökonomischen Wert der Erde berechnen – so, als würde sie uns gehören –, ist es, als würden die Haarwurzelzellen eines Menschen darüber nachdenken, zu welchem Preis die anderen Organe verkauft werden könnten. Brauchen wir

Herz und Beine, sind unbedingt zwei Lungenflügel erforderlich? Was sind sie wert? Dabei ist die Berechnung ganz einfach: Was ist der Wert eines Systems höherer Ordnung für einen Bestandteil, der nicht allein existieren kann? Unendlich groß, denn es geht schlicht um Sein oder Nichtsein.

Wenn das globale Ökosystem für uns unendlich wertvoll ist – was ist dann der Wert eines Waldes oder eines Sees, eines Teils des unendlich Wertvollen? Schon die Frage ist falsch gestellt.

Es gilt, die Nutzung von Natur neu zu regeln. Wir können kein Waldökosystem besitzen, aber uns zugestehen, es zu nutzen. Es ist die Nutzung der Natur, die verpflichtet. Aus ihr muss ein Beitrag zu Effizienz, Resistenz, Resilienz, Suffizienz und Kohärenz des globalen Ökosystems erwachsen. In der Ökologiepflichtigkeit liegen auch Antworten auf die Eigentumsfrage. Das Recht, Land und damit vor allem ein Stück vom Ökosystem darauf zu *besetzen* (nicht zu besitzen), muss permanent neu verdient werden. Es erfordert den Nachweis der ökologischen Wertschöpfung im Sinne des Beitrags zur Funktionstüchtigkeit des globalen Ökosystems. Die Gemeinschaft kann die verantwortungsvolle Nutzung im Sinne des Gemeinwohls honorieren, das Gegenteil sanktionieren. Die misshandelten und degradierten Ökosysteme in Privatbesitz strafen die Legende Lügen, dass Eigentum automatisch Verantwortung generiere.

Gutes Leben ist ein Prozess. Langfristig gesicherter Zugang zu wichtigen Ressourcen ist eine Schlüsselbedingung. Eigentum hat sich scheinbar als der beste Garant für einen solchen Zugang bewährt – leider aber nur für die Besitzenden.

In der vollen und heißen Welt des Anthropozäns schrumpfen die bioproduktiven Flächen, die uns durchschnittlich pro Kopf zur Verfügung stehen, um die lebenswichtigen Ökosystemleistungen für uns zu erbringen. Gleichzeitig konzentrieren sie sich in immer weniger Händen. Das wird nicht gut gehen, weder sozial noch ökologisch.

Je mehr die Illusion des Eigentums und seiner Unverzichtbarkeit wuchs, desto realer und wirkmächtiger wurden ihre Gefahren für Menschen und Ökosysteme.

Die Aufgabe in dieser vollen und heißen Welt ist es, Freiheit, Wohlergehen und Zukunftsfähigkeit vom Eigentum zu entkoppeln.

5. Wirtschaft ist ein Werkzeug
Die Natur lehrt uns zukunftsfähiges Wirtschaften

Wirtschaften ist nichts anderes als Umgang mit begrenzten Ressourcen. Die einzige Aufgabe von Wirtschaft ist es, diese Ressourcen so einzusetzen, dass ein Gutes Leben für alle in der Natur und mit der Natur möglich ist.

Wir besitzen, plündern, verkaufen und zerstören Ökosysteme, die uns nicht gehören – und nennen das erfolgreiches Wirtschaften. Wenn Eigentum eine Illusion ist, ist diese Art der Wirtschaft handfester Betrug. Wie ein Trickbetrüger auf der Straße müssen die Treiber der Wirtschaft immer mehr Hütchen immer schneller umeinander wirbeln, damit wir nicht merken, dass sie alle leer sind. Wir spielen immer schneller und riskanter, um unsere Schulden bezahlen zu können.

Das moderne kapitalistische Wirtschaften bedeutet die Schaffung von Reichtum einiger weniger – verknüpft mit der Erwartung, dass die Reichen einen Teil ihres Geldes verwenden, um vielen anderen den Traum zu nähren, die Zukunft würde immer großartiger. Der so gewonnene Reichtum weniger und der Traum vieler kosten zukünftigen Generationen Wohlstand, Gesundheit und Lebenschancen.

Jahrhunderte gelang es, diese negative Seite von vermeintlichem Fortschritt und Reichtum zu verbergen. Das funktionierte eine Weile ganz gut, da vor allem die Hauptschuldner – Atmo-

sphäre und Biosphäre – über genügend große Reserven verfügten und nicht auf sofortige Rückzahlung bestanden. Das hat sich jetzt geändert, und es wird zudem deutlich, dass sie nicht verhandeln.

Schulden bei der Erdennatur können nicht durch Flüge zum Mond oder Mars beglichen werden. Die Schulden bleiben auch nicht in den Meeren, im Klima und in den Arten stecken. Sie werden zu handfesten Kosten, die Menschen zu tragen haben. Egal ob Klimakrise und Verlust von Süßwasserreserven, Überfischung und Verlust von Böden: Sie verursachen erst wirtschaftliche Einbußen, dann auch Armut, Leid, Elend und gar Tod.

Also lautet nunmehr die gängige Erzählung, die uns über dieses nicht zu leugnende Unrecht hinwegtrösten soll, dass erst einige Menschen richtig reich und viele andere hinreichend vermögend sein müssen, damit wir uns dann in Ruhe den unvermeidlichen Problemen und Kosten widmen können. Inzwischen wachsen nicht nur vielen Menschen und Staaten die Kosten über den Kopf, sondern die ganze Weltgemeinschaft sitzt in der Umweltschuldenfalle.

Formen und Akteure eines Wirtschaftens, das weder der sozialen noch der ökologischen Gerechtigkeit dient, haben keine Berechtigung.

Wirtschaft kann nur ein Werkzeug sein, um ein Gutes Leben aller zu ermöglichen. Wirtschaft muss richtig gut sein. Und was gut ist, beurteilen alle Menschen, nicht allein die Aufsichtsräte und Shareholder. Es geht um den Umgang mit natürlicherweise knappen Zutaten von Leben und Wohlergehen: Energie, Wasser, Stoffen. Es geht aber auch um deren irreversible Entwertung und die misslichen Grundlagen der Thermodynamik. Es wird nicht helfen, einfach mehr (Sonnen-)Energie auf die Erde herunterzuladen oder zu versuchen, durch Fusion den Energie-Hauptgewinn zu ziehen. Wenn wir Menschen über mehr Energie verfügen, werden wir sie in Arbeit umsetzen, die sich gegen das Ökosystem richtet. Dann wollen wir noch mehr bauen, gestalten, reisen, uns vergnügen und ausbreiten. Je mehr Energie wir auf der Erde umsetzen, desto mehr entwerten wir die Qualität der Energie unter und auf der Erde, wir zerstören Lebens-Lizenzen und emergente Eigenschaften dieses globalen Ökosystems, ohne verstanden zu haben, was es so richtig mit ihnen auf sich hat.

Wertschöpfung kann zukünftig nur sein, was nicht Lebensgrundlagen zerstört, sondern sie vielmehr pflegt und befördert. Alles andere ist Schadschöpfung und muss als solche bilanziert werden.

Die einzig akzeptable Leitwährung auf dieser Erde ist die Funktionstüchtigkeit von Ökosystemen.

Sämtliches Wirtschaften muss sich auf reale Werte beziehen. Diese sind nicht Goldreserven oder Landbesitz, sondern sie sind wachsende Wälder, sich regenerierende Böden, sauberes Süßwasser, klimatische Regulation, fortgesetzte Evolution. Ein System, das mehr Schaden verursacht als Werte bewahrt oder schafft, wirtschaftet nicht und muss sanktioniert werden. Waldflächen und Kohlenstoffreservoire, Zauneidechsen oder Schlingnattern, fließende Flüsse und wachsende Moore sind nicht nach Belieben einsetzbare Verfügungsmasse und kein *Nice-to-have* – sie sind Bedingung. Wir müssen zu korrekten gesamtökonomischen Rechnungen kommen, die ein wichtiges Werkzeug sein können für die Beurteilung davon, was *gut* ist.

Da wir Teil des globalen Ökosystems sind, das langfristig – seit Jahrmillionen und trotz vielfältiger externer Störungen und Schocks – ein Wachstum der Funktionstüchtigkeit erreicht hat, führt weder philosophisch noch technisch ein Weg daran vorbei, dass wir mit der Natur wirtschaften müssen und nicht gegen sie.

Philosophen haben die Welt nur verschieden interpretiert, Technologen haben sich daran gemacht, sie gegen die Natur zu verändern, es kommt aber darauf an, die ökologische Evolution für unser Wohlergehen zu nutzen.

Das globale Ökosystem lehrt uns im Detail, wie effizienter Ressourceneinsatz, Recycling und suffizientes Wachstum innerhalb von Grenzen funktionieren. Wir müssen nur von der Natur lernen, von ihr abschreiben, uns inspirieren lassen. Unsere Entwicklung ist notwendigerweise als ökosystembasiertes Streben zu begreifen.

Wir müssen so wirtschaften, dass wir wieder in die Natur passen. Dafür ist Wirtschaft da – und für nichts anderes.

6. Technik ist keine Befreiung
Menschlichkeit ist nicht programmierbar

Technischer Fortschritt ist nichts Gutes. Er kann ein Beitrag zum Guten sein, wenn er gut für die Menschen und das Ökosystem ist. Dazu braucht es einer Steuerung. Die heißt Ethik, nicht Markt.

Die Erzählung, dass uns Technologie frei und großartig gemacht hätte, ist verführerisch. Schiffe erlaubten uns, die Weltmeere zu erkunden, wissenschaftliche Entdeckungen zu machen und ein modernes Weltbild zu erringen. Schiffe machten es aber auch möglich, menschenverachtende Kolonialreiche zu betreiben, Menschen als Sklaven zu verschleppen und Kriege zu führen. Mit sozialen Medien können wir über die Distanz in Teams Pläne und Projekte schmieden, globalisierte Freundeskreise pflegen oder verstreute Familien zusammenhalten. Genauso ermächtigen uns soziale Medien, weltweit Hass zu säen und terroristische Akte vorzubereiten. Mit mehr Technik werden wir nicht automatisch menschlicher.

Die Idee des technischen Fortschritts ist Tochter der Aufklärung, die unzertrennliche Gefährtin des Wachstumsglaubens und Mutter der menschlichen Selbstüberschätzung.

Mit der Technik sind wir Menschen so sehr über uns hinausgewachsen, dass wir vergessen haben, wo wir stehen. Wir haben uns in den Wirkungen der bislang angewendeten Technik verheddert und suchen verzweifelt nach immer neuen Technologien, um wieder freizukommen. Es kann aber nicht sein, dass wir am Ende unser Leben den von uns geschaffenen Robotern und Cyborgs übereignen, weil wir schon vorher die Kontrolle verloren haben und uns selbst nicht mehr trauen.

Menschlichkeit ist keine App, sie ist nicht programmierbar. Technik kann vieles für uns erledigen, nicht aber verlorene Menschlichkeit und Gerechtigkeit zurückbringen.

Wir haben nicht nur Technik erfunden, sondern auch Technikfolgenabschätzung, aber wir wenden sie nicht richtig an. Immer wieder aufs Neue lassen wir uns von den Folgewirkungen unserer Technik überraschen oder sind als Gesellschaften nicht willens, mahnende Stimmen zu hören, die vermeintlich den Spaß verderben.

Immer gibt es die beiden Seiten. Wer Hochgeschwindigkeitsverkehrsmittel baut, spart vielen Menschen Zeit und nimmt sie einigen durch Hochgeschwindigkeitsunfälle. Wer Elektroautos fördert, hilft die Feinstaubbelastung in Städten und im besten Fall auch die Emissionen von Treibhausgasen zu reduzieren. Aber er treibt auch die Beschädigung von Ökosystemen durch den Abbau von Lithium und anderen benötigten Rohstoffen. Blockchain-Technologie ermöglicht manipulationssichere Übermittlung von Daten und kurbelt den Energieverbrauch an. Oft geht Wertschöpfung für wenige Menschen einher mit Schadschöpfung für viele Menschen und die Natur.

Die Natur benötigt die Technik überhaupt nicht, sie wird nur von ihr geschädigt. Im allerbesten Fall bleibt der Schaden klein. Die Erkenntnis erscheint trivial, ist es aber nicht. Durchaus gibt es die Ökosystemmacher, die glauben, dass nur manipulierte Natur das Anthropozän überstehen kann, dass wir *neuartige* Ökosysteme schaffen müssten, um durch den Klimawandel zu kommen. Sie postulieren, dass genutzte Ökosysteme besser dastünden als ungenutzte. Im Zeitalter des menschengemachten, sich beschleunigenden Wandels und des technologischen Fortschritts wird Natur plötzlich alt, langsam, ewiggestrig, anachronistisch.

Die erste Absurdität war, dass wir im Streben nach Fortschritt unsere Lebensgrundlagen ruiniert haben, die zweite ist, dass wir daran arbeiten, eine neue Natur zu schaffen, weil uns die alte nicht mehr erträgt. Wir schaffen neue Wälder, neue Gene, neue Arten, weil wir es können. Am liebsten schüfen manche auch gleich gern den neuen Menschen.

Aber sollen wir es auch?

Technik ist als Werkzeug von Menschen für Menschen gemacht, wirkt aber oft gegen uns und zerstört unsere natürlichen Lebensgrundlagen. Die Schlussfolgerung ist einfach und unabwendbar: Technischer Fortschritt ist nur gut, wenn er gut für Mensch und Natur ist.

Also muss sämtliche Technik auf den doppelten Prüfstand. Ehe eine technologische Entwicklung gefördert und betrieben wird, ehe Innovationen genehmigt und eingesetzt werden, muss bewertet werden, ob sie gut für Mensch und Natur sind. Technik ist nur gut für den Menschen, wenn sie hilft, unsere Lebensgrundlagen und unsere Gesundheit zu bewahren und zudem der Gerechtigkeit dient.

Alles machen, was geht ... und dann weitersehen – ist vorbei!

Die Gesellschaften müssen sich die ethische Bewertung von Technik zu eigen machen. Diese ethische Bewertung darf nicht allein vom aktuellen Wissen geprägt sein, sondern unter dem Eindruck des Scheiterns des aufklärerischen Versprechens erfolgen: Mehr Wissen entfernt uns derzeitig immer weiter von der Wahrheit. Wir müssen unsere Nichtwissenskompetenz verbessern und uns damit auch die Möglichkeit des Irrens stärker aneignen. Die Ethikräte dieser Welt sollten sich nicht allein mit den Technologien und den Risiken beschäftigen, die wir schon kennen. Welche Technologien sollen wir (nicht) wollen? Was wird uns überraschen? Was werden wir tun, wenn wir (wieder) überrascht sind? Welche Irrtümer erwarten uns? Was werden wir tun, wenn wir merken, dass wir uns geirrt haben? Können wir das Risiko des Irrens absenken?

Die ethische Bewertung von medizinischer Technologie ist etwas weiter vorangeschritten als in anderen Bereichen. Aber die ethische Bewertung muss sich vor allem auch den technologischen Treibern unseres Wirtschaftens widmen sowie allen Aktivitäten und Sektoren, die unsere Lebensgrundlagen verbrauchen.

Es schien einmal ausgemacht, dass Freiheit nur insoweit gelten sollte, wie ihre Beanspruchung nicht Unfreiheit anderer bewirkt. Gelebt haben wir nie danach. Die Möglichkeiten, durch unser Leben und unsere Wirkungen anderen Menschen ihre Freiheitsgrade zu nehmen, ihre Optionen für ein Gutes Leben, haben sich vervielfältigt. Freiheit ist in der Gesellschaft der Macher und Macherinnen, der Technokraten und Technokratinnen zum Recht verkommen, sich zu verwissen und zu verwirtschaften sowie die Natur zu verwirken.

Die Einschränkung der technologischen Entwicklung bedeutet eine gesellschaftlich organisierte Begrenzung der Freiheit. Das ist in einer freiheitlichen Gesellschaft eine Herausforderung, war aber immer schon Teil der Zivilisation. Früh wurde erkannt, dass die Freiheit der einen oft mit der Unfreiheit der anderen einhergeht. Nun müssen wir unsere Freiheit beschneiden, um zu verhindern, dass die Folgewirkungen unseres Tuns uns selbst jegliche Freiheit nehmen.

Eine nachhaltige Zukunft bedeutet nicht Technologiefeindlichkeit, aber Technik soll tun, wozu sie da ist.

7. Glauben ist keine Handlungsanweisung
Ökohumanismus und Spiritualität sind kompatibel

Wir sind gezwungen, mit unserem immensen Nichtwissen umzugehen. Glauben kann eine Antwort sein. Gefährlich wird es dort, wo Glauben das Wissen zur Beliebigkeit erklärt und Handeln – oder Nichthandeln – begründet.

Wir erkennen, dass wir nicht alles wissen können. Wir wissen, dass wir nicht alles, was wir tun, wissensbasiert bewältigen können. Für viele liegt die Schlussfolgerung nahe, dass wir dann glauben müssen. Viele Menschen können ohne Spiritualität und Religion nicht leben. Die Religiosität ist Teil unserer Menschwerdung und unserer Kultur. Religiosität grundsätzlich abzulehnen, ist geschichts- und menschenvergessen. Es ist allerdings wichtig anzuerkennen, dass Religion Menschen genauso zu gutem Handeln anleiten kann wie zu bösem. Religion ist Teil des Versuchs, uns selbst zu zähmen und zu zivilisieren; sie wurde und wird aber auch zur Manipulation von Menschen eingesetzt.

Humanismus und Religion widersprechen sich nicht – zumindest sollte es so sein.

Im Bestreben, die Welt rational zu erklären, sind manche Humanisten zu erklärten Feinden der Spiritualität und der Gläubigen geworden. Sie vergaßen darüber, dass es wichtiger ist, gemeinsam Menschlichkeit, natürliche Lebensgrundlagen und Zukunftsfä-

higkeit zu bewahren, als letztgültig und dogmatisch zu klären, wie mit Wissen und Nichtwissen umzugehen sei. Relevant für ein Ökosystem sind nicht die Motive der Handelnden, sondern ihr Handeln. Das gilt auch für Gesellschaften.

Auf einen absoluten Wahrheitsanspruch und ihre Deutungshoheit pochend verschließen sich manche Gläubige dem Wissen und dem Wissbaren. Sie bekämpfen Andersgläubige und auch jene, die mit der erwiesenen Unvollkommenheit ihres Wissens gut leben können. Damit tragen sie zu Intoleranz, Unfrieden und dem Verlust von Menschlichkeit bei. Ihre Religion wird inhuman.

Humanismus ist kein Antagonismus zur Spiritualität, und der Ökohumanismus ist es auch nicht. Aber er legt nahe, sich nicht in allen Fragen auf den Glauben zu verlassen. Wenn man lieber glaubt, weil man nicht wissen möchte oder schlicht das Nichtwissen nicht erträgt, ist dies riskant. Richtig gefährlich wird es, wenn Glaube als Ausrede oder gar Rechtfertigung dafür dient, sich mit Wissen beziehungsweise Nichtwissen gar nicht erst zu beschäftigen. Wer im warmen Winter auf das dünne Eis des Sees läuft, weil er die Indizien dafür ignoriert, dass es brechen könnte, und lieber *glaubt*, dass es ihn tragen werde, ist deshalb kein besserer oder schlechterer Mensch. Aber er lebt gefährlicher.

Wenn Gläubige nicht akzeptieren können, dass die Erde keine Scheibe ist, dass es eine Evolution gibt und der Mensch Teil des globalen Ökosystems ist, ist dies so lange kein Problem, wie aus diesem Glauben nicht Handlungen abgeleitet und gerechtfertigt werden, die Mensch und Natur schaden. Doch wer wegen seines Glaubens existierendes Wissen verdrängt, trägt zu einer Gesellschaft der Beliebigkeit bei. Die Existenz eines Virus oder des menschengemachten Klimawandels ist keine Frage des Glaubens. Der mit der Ablehnung von Wissen kombinierte Glaube ist gefährlich, auch wenn er nicht religiös motiviert ist. Der religionsbefreite Wachstumsglaube, der Fortschrittsglaube und die Technologiegläubigkeit, welche allesamt Evidenz ignorieren und keinerlei Prinzipien folgen, haben die Menschheit in die derzeitige gefährliche Lage gebracht.

Es ist ein großer Unterschied, ob man Handeln aus Glauben ableitet oder aus Prinzipien, wobei uns Glaube dabei helfen kann, Prinzipien zu erkennen, ihnen zu folgen und eine Haltung einzunehmen. Weder Glaube noch Unglaube ersetzen Prinzipien und Haltung. Beide, Gläubige und Ungläubige, können von der Bedeutung der Menschlichkeit, der Menschenrechte und der Natur überzeugt sein.

Es ist ein Fehler des evolutionären Humanismus, die Gläubigen im Sinne von »Glaubst du noch oder denkst du schon?« anzuklagen und unter Druck zu setzen. Wichtiger als einzuklagen, dass alles Wissen von allen gewusst wird, sind die universellen Prinzipien, die uns zukunftsfähig machen. Zu diesen gehört weniger die Kenntnis der Aufbau von DNA als die Ehrfurcht vor dem Leben. Am wichtigsten ist vielleicht *humanitas*, die Menschlichkeit. Menschlichkeit als Haltung bedeutet, allen Menschen die Möglichkeit geben zu wollen, sich am Menschsein zu erfreuen und als Mensch zu entfalten. Dies heißt auch, Freude am Wissen zu verspüren und angstfrei mit Nichtwissen umgehen zu können.

Am Ende ist nicht Glaube entscheidend – sondern Haltung.

8. Menschlichkeit ist eine Kompetenz
Entfaltungshilfe ist es, nicht Bildung, was wir brauchen

Wie wir die Natur nicht nach unserem Willen bauen können, so scheitern wir seit Menschengedenken daran, den Menschen zu formen und zu *bilden*. Der Weg zu Menschlichkeit geht nicht über Institutionen, sondern über soziale Prozesse. Die Schlüssel dazu sind Selbstermächtigung und Selbstwirksamkeit.

Das Großartige am Menschsein ist, dass wir so viel erlernen können. Es ist unsere größte Aufgabe, dieser Fähigkeit gerecht zu werden. Es geht nicht darum, besonders viel zu lernen, sondern vor allem darum, das zu lernen, was für ein Gutes Leben wichtig ist. Wir brauchen Faktenwissen. Wir brauchen aber vor allem Prinzipien, die uns anleiten können, wie wir uns selbst, die Menschheit und die Welt erkennen und behandeln sollen. Menschlichkeit ist Voraussetzung für unsere Zukunftsfähigkeit; sie ist eine Haltung, aber sie kann erlernt werden.

Die Aufklärung hat Menschen ermächtigt und ertüchtigt, sich zu entfalten und das Menschsein als aktiven Prozess zu begreifen. Sie hat für viele Menschen viel Gutes geschaffen – und für die Menschheit ein Riesenproblem. Sie ist gescheitert, weil sie menschen- und ökosystemvergessen die Ideologie geschürt hat, wir könnten uns die Welt so bauen und bilden, wie wir sie gern hätten.

Die Aufklärung hat uns Bildung beschert, um mehr und besser

zu wissen, und uns gleichzeitig die Demut abtrainiert. Wir bilden unsere Umwelt – durch Landbau, Waldbau, Wasserbau, Straßenbau oder Städtebau – und vergessen dabei die Naturgesetze als Grundlage der Leistungsfähigkeit der Ökosysteme. Auch die *Bildung* von Menschen ist ein irreführender Begriff, denn es geht nicht um Menschenbau. Das Konzept der Bildung wurzelt im reduktionistischen Welt- und Menschenbild, im Missverständnis, wir könnten lernen, alles gegen die inhärenten Naturkräfte zu gestalten und zu formen. Auch in uns stecken diese Kräfte, die Grundlage von Ehrfurcht, Empathie, Intuition und gesundem Menschenverstand. Naturkräfte, die in uns erweckt werden müssen, damit Menschen sich als solche in ihrer sozialen Gemeinschaft entfalten und entwickeln können – und die allzu leicht durch einseitige Bildung verschüttet werden.

Entfaltungshilfe ist es, nicht Bildung, was wir brauchen. Curricula sollten nicht durch Wissensmengen definiert sein oder Kompetenzen, die Welt umzubauen, sondern Entfaltungsangebote beschreiben. Schulen und Hochschulen sollten der Inszenierung von menschlichen Entfaltungs- und Selbstermächtigungsprozessen dienen. Entscheidend ist dabei, dass zur Selbstermächtigung nicht allein Wissen benötigt wird, sondern vor allem auch die soziale Gemeinschaft. Menschen als soziale Wesen können nur durch Interaktion mit Menschen menschlich werden und Selbstwirksamkeit erfahren. Insofern müssen die Entfaltungshilfeinstitutionen vor allem das Lernen als sozialen Prozess unterstützen. Wer Lernerfolg als Konkurrenz definiert, indem er die »Besten« belohnt und sich der »Schlechten« entledigt, reproduziert ein dysfunktionales System. Bildungssysteme scheitern, wenn sie die Zukunftsfähigkeit der Menschheit nicht befördern. Falsche Inhalte und falsche Formate bilden allzu leicht menschen- und ökosystemvergessene Technokraten, die weder Grenzen des Wissens noch des Wachstums anerkennen.

In besonderem Maße benötigen wir Menschen im Anthropozän eine ausgeprägte Komplexitätskompetenz. Wichtiger als alle Komponenten eines Systems zu kennen, ist der Respekt vor deren Verknüpfungen und Interaktionen. Noch wichtiger als die Fähigkeit, einen guten Plan zu machen, ist die Bereitschaft, die Unvorhersehbarkeit und Undurchschaubarkeit komplexer Systeme anzuerkennen. Der Mensch liebt die organischen und unübersichtlichen Formen der Natur – die Ingenieure, Baumeister und Technokraten der modernen Welt aber schaffen gerade Linien. Die natürlichen Systeme verhalten sich ergebnisoffen, der gebildet-aufgeklärte Mensch definiert präskriptive Ziele und ein Plansoll.

Schulen müssen neu erfunden werden, sie müssen Navigationshilfen und Wissenskarten anbieten, um das Ziel zu erreichen, das nicht in erster Linie Wissenserwerb ist, sondern Haltung, die aus der dem Wissen erwachsenden Verantwortung entspringt. Haltung entsteht nicht durch einige Stunden Ethik oder Lebenskunde, sondern im fortwährenden sozialen Prozess der gemeinschaftlichen Wissensreflexion, in Interaktion mit Mensch und Natur. Ein Leben lang.

Wenn wir in diesen Zeiten der Informationsexplosion und des schier überwältigenden Menschheitswissens als Individuen ein wenig mehr wissen, werden wir nicht zu besseren Menschen. Wissen allein lehrt uns auch nicht, was Gutes Leben ist. Selbstermächtigung bedeutet nicht allein, das Lernen zu lernen, sondern auch den Erwerb von Haltung. Wir müssen ringen um unsere Positionierung zu anderen Menschen, zur Menschheit und zur Natur. Dabei geht es auch um den Respekt vor der Nichtexistenz von einfacher Wahrheit. Es gibt eine Realität, die wir bestmöglich beschreiben können, aber ihre Interpretation verändert sich mit dem Blickwinkel, mit unserem Wissen und im Wandel der Welt. Sie ändert sich auch mit unseren Werten, unserer Haltung, die es zu trainieren gilt. Haltung hat man nicht einfach, man muss sie auch behalten, sie mit anderen abgleichen, sie anpassen.

Wissen sowie zu lernen, nicht zu wissen und Haltung zu bewahren – dies gelingt durch das Erlernen des Fragens, nicht durch das Rezitieren von vorgegebenen Antworten. Was macht dieses Wissen mit mir, ist es gut für mich, was bedeutet es für mein Handeln? Hilft es mir, meine Verantwortung zu erkennen und ihr gerecht zu werden?

Der Mensch muss seine Menschlichkeit entwickeln. Gelehrt werden kann sie nicht.

9. Macht ist eine Täuschung
Gesellschaftliche Gestaltung ist nicht delegierbar

Zukunft ist keine Dienstleistung, sondern zentrale Aufgabe der Gesellschaft. Sie ist zu wichtig, um sie Regierungen zu überlassen. Eine naturverträgliche, gerechte Gesellschaft kann deshalb nur eine partizipative sein. Sie wird viele Aufgaben der repräsentativen Institutionen durch die permanente Teilhabe der Vielen ersetzen. In einem weit größeren Umfang als heute vorstellbar.

Die repräsentativen Institutionen in allen Teilen der Welt verlieren an Akzeptanz. Das ist gut und gefährlich zugleich, denn Macht bedeutet eine natürliche Konkurrenz zu Verantwortung. Machtausübung, egal ob durch gewählte Politiker und Politikerinnen, Monarchen und Monarchinnen oder Diktatoren und Diktatorinnen, beruht darauf, dass die Menschen ihre eigene Verantwortung für ein Gutes Leben in einer Guten Gesellschaft nicht wahrnehmen. Ob freiwillig oder unfreiwillig, spielt dabei keine Rolle.

Die Konzentration von Macht in den Händen weniger war immer nur ein kurzfristig erfolgreiches Konzept. Es scheint in kurzen Krisen zu funktionieren. Zumindest manchmal. Auf lange Sicht ist es weder sozial noch ökologisch eine sinnvolle Option. Denn wer Macht ausübt, hat ein Interesse daran, diese Situation zu bewahren. Generationsübergreifende, ökologisch angepasste Strategien nutzen dabei nie, sie verringern nur die Optionen der Mächtigen.

Deshalb kann Zukunftsgestaltung auch keine Dienstleistung weniger für alle sein – ganz gleich, wie die Beauftragung zu Stande kam, ob per Wahl, Putsch oder Erbschaft. Letztlich ist das Bestehen einer Art in einem Ökosystem Ergebnis des Verhaltens aller Individuen und damit auch ihrer gemeinsamen Verantwortung. Eine Konzentration von Macht ist also nur denkbar als Ergebnis kollektiven Verantwortungsverzichts. So ist Macht zuletzt nur eine Täuschung, beruhend auf Verantwortungslosigkeit. Das aber kann in einem Ökosystem auf Dauer nicht funktionieren.

Je länger die Illusion aufrechterhalten und breit akzeptiert wird, desto gefährlicher für die Art. Am Ende bleiben nur zwei Alternativen: das kollektive Scheitern oder die Zerstörung von Macht durch Verantwortung. Aktuell arbeiten wir Menschen recht konsequent an der ersten Option, weil wir die zweite nicht zu denken wagen.

Doch *Geerdetes Denken* heißt eben auch, Dinge zu denken, die wir bislang nicht zu denken wagten. Dieses Neu-Denken nimmt aktuell global zu. Es hinterfragt auch die herrschenden Mythen der Macht in allen politischen Systemen. Oft noch führt es dazu, dass lediglich die Konzentration der Macht von einer mehr oder weniger verantwortungsvollen Person oder Gruppe zu einer anderen, oft weniger verantwortungsvollen Person oder Gruppe wechselt. Das wird noch vielfach geschehen. Am Ende aber steht die ökohumanistische Erkenntnis: Wer Macht von uns bekommt, nimmt auch die Verantwortung mit. Und das können wir uns im Anthropozän nicht mehr leisten.

Das *Gute Leben* im Ökosystem Erde ist nur in der Verantwortung der vielen zu realisieren. Diese Verantwortung ist, wie wir gesehen haben, nicht durch Glauben zu ersetzen, sie ist nicht lehrbar – und sie ist eben auch nicht delegierbar. Wenn wir sie zur Sache jedes Menschen machen, dann wird Macht erkennbar als das, was sie ist: eine Illusion.

Letztlich kann deshalb eine naturverträgliche, gerechte Gesellschaft nur eine sein, in der die verantwortungsvolle *Teilhabe aller* die *Macht weniger* obsolet macht. Demokratie ist ihr Prinzip, Partizipation ihre Praxis. Diese Gesellschaft wird die Delegation von Verantwortung an wenige durch die permanente Teilhabe der vielen ersetzen. Und das in einem weit größeren Umfang als heute vorstellbar. Sie wird keine repräsentative Demokratie sein, sondern eine permanente Demokratie. Sie wird Wahlen durch Diskurse ersetzen, Posten durch Aufträge und Parteien durch Plenen.

Sie wird die Prinzipien der kollektiven und individuellen Verantwortung in allen gesellschaftlichen Bereichen leben, denn nur dann werden sie funktionieren. Partizipation wird zum Organisationsprinzip nicht nur im schmalen politischen Raum der öffentlichen Organisation, sondern auch in Familie, Kirche, in Schule, Ausbildung, Studium und am Arbeitsplatz. Die *freie Wirtschaft* als ideologische Monstranz, die in der Praxis eine streng autoritäre Atmosphäre für größte Teile unserer wachen Zeit bedeutet, wird zu einer partizipativen Wirtschaft werden müssen.

Die ökohumanistische Demokratie ist partizipativ, sie ist permanent und sie ist völlig anders als das, was wir heute haben.

10. Alles ist eine Frage der Prinzipien
Wir brauchen Haltung statt Regeln

Die Akzeptanz der natürlichen Grenzen ist keine Regel. Demut ist keine Regel. Freiheit ist keine Regel. Gerechtigkeit ist keine Regel. Menschlichkeit auch nicht. Es sind Prinzipien. Beherzigen wir sie, ist ein Gutes Leben für alle möglich.

Wir haben in den bisherigen Thesen gesehen, dass vieles, was wir kennen, was wir für unveränderbar halten, was uns heute als Gesellschaft ausmacht, Teil des Problems ist. Das alte Denken fesselt uns. Wir halten fest am ideologischen Irrglauben von Wohlstand durch Wachstum, von Menschlichkeit durch Technik, von der Herrschaft des Menschen über die Natur, vom Glauben als bequemem Ausweg aus der Unbequemlichkeit von Wissen und Nichtwissen, von der Notwendigkeit der Macht.

Doch all diese ideologischen Mythen haben uns in die Situation gebracht, in der wir uns heute wiederfinden: Die Natur fordert ihre Schulden ein. Gnadenlos und ohne Fristverlängerung. Wir benennen dieses anthropozänische Zeitalter nach uns Menschen und müssen doch erkennen: Dem Ökosystem Erde sind wir völlig egal. Wir können es beschädigen, aber nicht beherrschen. Wir können ohne es nicht leben, das Gegenteil ist richtig.

Und das gilt eben auch für unsere großen Mythen der menschlichen Machbarkeit.

Wir müssen unsere Art zu leben ändern – oder wir gehen unter. Wir müssen sie so grundlegend ändern, dass dies nicht mit kleinen Nachjustierungen erreichbar ist. Es wird nicht genügen, beim nächsten Mal eine andere Partei zu wählen, Diesel-SUVs durch Elektroautos zu ersetzen und weniger Pappbecher zu verbrauchen. Es wird auch nicht genügen, unsere Häuser besser zu dämmen, Ökologie als Schulfach einzuführen, mehr Volksabstimmungen zu wagen und den Benzinpreis zu verdoppeln. Selbst radikalere Lösungen reichen nicht. Flugverkehr verbieten, Strom rationieren, Fleischverkauf unter Strafe stellen, Amazon abschaffen, Google verstaatlichen, den CO_2-Ausstoß von Firmen besteuern – all das würde nicht einmal ansatzweise dazu führen, dass wir dauerhaft ein Gutes Leben innerhalb unserer natürlichen Grenzen führen könnten.

Die Schaffung einer ökohumanistischen Gesellschaft wird uns heute nicht leichter fallen als vor 40 Jahren, als die ersten Vordenker begannen, sie zu denken. Doch unsere Zeit wird knapp. Notwendigkeit und Möglichkeit der Wende entfernen sich in Zeiten exponentiellen Wachstums von Naturzerstörung und Ungerechtigkeit immer schneller voneinander. Die von uns Menschen entfesselten Probleme haben sich bis in die Atmosphäre aufgetürmt, sie wirken so erschlagend, dass uns der Mut sinken könnte. Die unbequeme Wahrheit lautet: Keine Regeln, die wir erfinden könnten, würden uns jetzt noch helfen.

Aber das macht nichts.

Denn die Lösung liegt nicht in neuen Regeln, sondern in neuem Denken. Und damit am Ende in Prinzipien. Das eben ist das Wesen des Öhohumanismus: Das Wissen, dass wir Menschen anders, ökosystem-kompatibel nicht nur leben, sondern *gut* leben können. Nicht weil wir es müssen, sondern weil wir es wollen.

Regeln sind die Manifestierung des Müssens, Prinzipien sind die Verwirklichung des Wollens. Auch eine freie, gerechte, ökologisch verantwortliche und zutiefst humanistische Gesellschaft wird sich Regeln geben. Und diese immer wieder verändern. Aber sie basiert auf dem Prinzip des Wollens.

Erst wenn wir, die Menschen, unser Selbstbild der Realität anpassen, wenn wir uns vom Wahn des einerseits die Natur beherrschenden, quasi »übernatürlichen« Wesens, das aber zugleich der inneren Unterdrückung und Zähmung bedarf, befreien, erst wenn wir ein *Gutes Zusammen-Leben* für alle, auch für die kommenden Generationen, in und mit der Natur wirklich wollen:

Dann haben wir Menschen die Menschlichkeit als Lebensform gewählt.

VOM DENKEN

ZUM HANDELN

EIN AUSBLICK

Wir haben gesehen, wohin uns das alte, egoistische und naturvergessene Denken geführt hat. Ein Denken, das vom Menschen ausgeht, hat keine Orientierung. Es führt zwangsläufig zu einer Fehleinschätzung unserer Rolle im Ökosystem. Es nährt die Illusion, die Regeln der Natur würden für uns nicht gelten, wir könnten sie ignorieren, ja sogar neu schreiben.

Viele haben diese negativen Folgen erkannt, verstehen aber ihre Ursachen nicht. Sie versuchen, die Probleme mit den gleichen Ansätzen zu lösen, die sie geschaffen haben. Das führt im Ergebnis zu absurden Handlungen und Strategien, die kommende Generationen rückwirkend wohl nur mit Kopfschütteln quittieren werden.

Die Klimakrise versetzt uns in Panik. Menschen in Panik handeln. Aber sie handeln unüberlegt. Uns steht der Morast bis zum Hals – und wir strampeln immer wilder. Das aber bringt uns dem Versinken nur schneller näher.

Wir pflanzen lieber Millionen Bäume, statt den noch existierenden Wald sein Werk in Ruhe tun zu lassen. Wir ersetzen mit Milliardenaufwand ressourcenverbrauchende, übergewichtige, für sinnlose Mobilität verwendete Benzinkarossen durch ressourcenverbrauchende, übergewichtige, für sinnlose Mobilität verwendete Elektrokarossen. Wir verschwenden heute Unmengen von Kohle, Erdöl und Atomenergie – und planen, stattdessen in Zukunft noch mehr Solar-, Wasser- und Windenergie zu verschwenden. Wir produzieren weiterhin unvorstellbare Mengen von Plastikmüll und schicken Schiffe auf die Meere, um unter hohem Energieaufwand Bruchteile davon wieder einzusammeln. Wir glauben, wir könnten Natur reparieren, CO_2 aus der Atmosphäre saugen und die Folgen unserer zivilisatorischen Fehlentwicklungen technologiegetrieben ausputzen. Wir glauben noch immer, wir könnten die Erde retten, indem wir sie uns völlig unterwerfen.

Dieses Denken wird die Katastrophe nur beschleunigen. Es ist falsch. Weil es weder ökologisch noch humanistisch ist.

Wer schnelles Handeln fordert, aber nicht zu *Geerdetem* Denken fähig oder willens ist, wird nichts Gutes bewirken. Es geht nicht darum, irgendetwas zu tun, sondern das Richtige.

Deshalb haben wir uns zu diesem kleinen Buch entschlossen – weil es keines weiteren Appells bedarf, jetzt endlich schnell *zu handeln*. Wer so argumentiert, hat das Prinzip des Ökohumanismus nicht verstanden.

Tatsächlich gibt es eine Institution, die ganz hervorragend dazu geeignet ist, Natur zu reparieren – es ist die Natur. Oft ist das erfolgreichste Handeln, das uns Menschen zur Verfügung steht, das Unterlassen. Niemand pflanzt die richtigen Bäume am richtigen Standort besser als ein Wald, der Natur sein darf und nicht als Holzfabrik bewirtschaftet wird. Das ist nicht romantisch, sondern realistisch. Wir werden den Regenwald nicht retten, indem wir Bier konsumieren, wir werden unser Ökosystem nicht bewahren, indem wir unser Holz aus FSC-zertifizierten Kahlschlägen holen statt aus nicht zertifizierten Kahlschlägen.

Ja, wir brauchen ein anderes Handeln, aber eben eines, das weder *alt* noch *quer* gedacht wird, sondern das geerdet ist. Ein Denken, das vom Primat des Ökosystems ausgeht und zum Menschen hin denkt. Das Gutes Leben für alle zum Ziel hat – und weiß, dass dies dauerhaft nur in und nicht gegen die Natur gedacht werden kann. Denn sollte der Dritte Weltkrieg tatsächlich der zwischen Mensch und Natur sein, dann gibt es keinen Zweifel, wer der Sieger sein wird.

Deshalb beschäftigt sich unser Buch mit den Grundlagen des ökohumanistischen Denkens, zu dessen Prinzip eben auch gehört, keine Handlungen vorzuschreiben, sondern die Menschen dazu anzuregen, ihr Handeln auf diesen Grundlagen zu reflektieren und zu verändern. Am Ende werden uns keine Gesetze retten, kein Messias, keine verordneten Wahrheiten, keine Ökodiktatur – sondern nur die Erkenntnis unserer Rolle auf dieser Welt.

Wir haben an dieser Stelle bewusst auf die Präsentation vermeintlich oder tatsächlich einfacher Handlungsanleitungen verzichtet. Weil wir wissen, dass die meisten von uns in der Lage sind, das richtige Handeln zu erkennen. Der Kompass dazu ist im Grunde von bestechender Einfachheit:

1. Von der Natur ausgehend: Beruht mein Handeln auf dem Primat der Ökologie – ist es naturkompatibel, verhindert es die Schädigung von Natur oder hilft es gar Ökosystemen funktionstüchtiger zu werden?

2. Zum Menschen hin: Ist mein Handeln darauf gerichtet, ein Gutes Leben für uns Menschen zu fördern – befördert es die Menschlichkeit?

Wer beide Richtungsfragen mit Ja beantworten kann, ist auf der sicheren Seite. So einfach kann Ökohumanismus sein. Und so anspruchsvoll. Und vor allem: so wirksam.

Was ziehe ich an? Esse ich diese Mahlzeit oder eine andere? Tätige ich diesen Anruf? Fahre ich dorthin? Kaufe ich mir das? Buche ich die Reise? Spende ich Geld? Werde ich hier Mitglied? Betätige ich mich ehrenamtlich? Schreibe ich diesen Brief? … Hirnforscher gehen davon aus, dass jeder Mensch Abertausende von Entscheidungen am Tag trifft. Nur ein Bruchteil davon ist reflektiert. Wenn wir in Zukunft auch nur einen kleinen Teil dieser Entscheidungen treffen, nachdem wir uns diese beiden Richtungsfragen gestellt haben – dann gibt es Grund zur Zuversicht. So wird aus Geerdetem Denken Gutes Handeln. Wir, die Menschen, mit der Natur für die Menschen in der Natur.

Und genau so funktioniert Ökohumanismus.

DIE MENSCHHEIT

IST NATUR

Ein Nachwort von Alberto Acosta[1]

Es gibt keinen anderen Weg: Wenn die Menschheit aus der Falle herauskommen will, in der sie sich befindet, muss sie ihr Verhältnis zur Natur überdenken. Der Mensch darf – im übertragenen Sinne – nicht länger abseits der Natur stehen, geschweige denn den vergeblichen Versuch fortsetzen, sie beherrschen zu wollen. Wir müssen ihr wieder neu begegnen. Und deshalb müssen wir ihre hemmungslose Ausbeutung stoppen. Unser Verhältnis zu Mutter Erde gebietet Respekt, Verantwortung und Gegenseitigkeit, ausgehend vom Grundprinzip des Lebens: Alles steht in Beziehung zueinander, alles ist miteinander verbunden. Mit der Erkenntnis, dass wir Natur *sind*, wie die Schlussfolgerung dieses Buches besagt, müssen wir uns neu besinnen und ein von Harmonie geprägtes Verhältnis zur Natur entwickeln, denn die Natur hat immer recht.

Um dies zu erreichen, müssen wir die Geschichte der Menschheit verändern, diese Geschichte der Herrschaft des Menschen – des Mannes, um genau zu sein – über die Natur. Über Jahrhunderte war das Verhältnis zwischen den Gesellschaften und

---

1 Ecuadorianischer Wirtschaftswissenschaftler und Autor. Gegenwärtig arbeitet er als Universitätsprofessor, Dozent und vor allem als Kämpfer für soziale Bewegungen sowie als Gutachter für das Internationale Tribunal für die Rechte der Natur. Minister für Energie und Bergbau in Ecuador (2007). Präsident der Verfassunggebenden Versammlung von Ecuador (2007–08).

der Umwelt geprägt vom Utilitarismus und der Ausbeutung natürlicher Ressourcen. Das Vorhaben, die Natur zu unterwerfen – gestützt auf für die Moderne so charakteristische Konzepte wie »Fortschritt« und »Entwicklung« –, ist just das, was letztendlich alle Arten von Pandemien erst hervorgebracht hat, die uns auf eine furchtbare sozioökologische Katastrophe hinweisen. Eine bittere Erkenntnis, gewiss, aber es gibt Alternativen.

Auch und gerade inmitten der gewaltigen Krise, die wir gerade erleben, häufen sich mit Macht die Chancen für die Menschheit, unserer Erde ganz neu zu begegnen. Die Liste der Möglichkeiten wird umso länger, je mehr die Menschen diese dringende Notwendigkeit begreifen – sei es aus Vorträgen oder durch praktische Vorbilder. Es wird dies ein langer und komplexer Prozess sein, der gestützt wird durch Menschen überall auf der Welt, die Widerstand leisten und um eine Erneuerung der eigenen Existenz ringen. Ohne Modellen oder Lösungsentwürfen folgen zu müssen, die uns zwingen, einem gemeinsamen Weg zu folgen, werden wir die verschiedenen »Ideologien der Leugnung« – nicht allein im Bereich der Ökologie –überwinden müssen, Ideologien, die von jenen propagiert werden, die glauben, dass unsere Probleme einfach durch technologische Lösungen aus der Welt geschafft werden könnten.

Zuallererst müssen wir viel von den Gruppen lernen, die durch die Verirrungen der Moderne an den Rand gedrängt wurden und werden, allen voran die indigenen Völker in den verschiedensten Winkeln des Planeten. Ihr Verständnis von Natur ist normalerweise ein völlig anderes als das von der Moderne konstruierte Verständnis. Sie haben perfekt verinnerlicht und verstanden, dass die *Pachamama*, die Mutter Erde, tatsächlich ihre Mutter ist, und nicht bloß eine Metapher. Gerade deshalb ist ihr Beitrag von größtem Gewicht.

Ohne die indigenen Gemeinschaften romantisch verklären zu

wollen, müssen wir erkennen, dass sie uns als Träger eines großen Erinnerungsschatzes die Fähigkeit des Menschen vor Augen führen, Formen eines nachhaltigen Lebens zu entwickeln. Dieses harmonische Verhältnis zur Natur – wir sehen es in vielen Gebieten der indigenen Welt, wenn auch nicht in allen – steht tatsächlich im Einklang mit dem Begriff der »Nachhaltigkeit«; gewiss hat dieser Begriff eine extreme Pervertierung und Trivialisierung erfahren, gerade wenn damit beabsichtigt wird, »Entwicklung« beschönigend als nachhaltig darzustellen.

Die Herausforderung von heute besteht darin, diese Weltsicht in den Rechten der Natur abzubilden. Dieses Bestreben erfordert eine emanzipatorische Vermischung, deren Ergebnis ein »rechtliches Hybridwesen« ist, das Elemente aller dieser Kulturen umfasst, die das Leben hervorbringt und die in der »Mutter Erde« den ganzen Interpretationsspielraum der Natur wiederfinden. Wir reden also von einem territorialen, kulturellen und spirituellen Raum, der kein Gegenstand von Kommerzialisierung oder Ausgrenzung sein darf. Nehmen wir hin, dass wir als menschliche Wesen nicht ohne die Natur leben können, was im Umkehrschluss bedeutet, dass die Natur das Wesen ist, das uns Menschen überhaupt erst das Recht zu leben verleiht.

Durch die Umsetzung eines allgemeinen Anrechts, Rechte zu haben, gewinnt die Forderung nach Naturrechten, die sich eben auf die Belange der Natur fokussieren, enorm an Kraft. In keiner Weise dürfen diese Rechte im Widerspruch zu den Menschenrechten stehen, und sie stehen auch nicht über diesen, wie weltfremde Geister oder Verfechter der Privilegien des Anthropozentrismus argumentieren könnten. Naturrechte und Menschenrechte ergänzen einander. Unser Thema ist das Anerkennen des Wertes der Natur als solcher, ohne den Nutzen abzuwägen, den die Menschen ihr zubilligen. Sind diese intrinsischen Werte der Natur erst einmal anerkannt, öffnet sich die Tür zu einer biozentrischen oder ökozentrischen Vision. Gewiss geht es nicht um das Verteidigen einer gänzlich unberührten Natur. Worauf es bei den Rechten der Natur ankommt, ist die Wahrung der Systeme und der Zusammenhänge des Lebens. Die Aufmerksamkeit konzentriert sich auf die Ökosysteme, die mit Leben erfüllten Gemeinschaften.

Aber damit ist es nicht getan. Es geht nicht darum, ein ausgewogenes Verhältnis zwischen Ökonomie, Gesellschaft und Ökologie zu suchen, und schon gar nicht darum, das Kapital als offenes oder verdecktes Bindeglied zwischen diesen Faktoren nutzen zu wollen. Der Mensch mit seinen Bedürfnissen muss stets Vorrang vor dem Kapital haben, muss aber zugleich jederzeit im Einklang mit der Natur stehen, die seiner Existenz erst die Grundlage verleiht. Es kann kein harmonisches Zusammenleben unter den Menschen geben, wenn wir uns nicht zugleich auf ein Gleichgewicht mit der Natur zubewegen. All dies lädt uns ein, uns auf das Prinzip der Erd-Demokratie einzustellen, damit wir Gesellschaften errichten können, die auf sozialer Gerechtigkeit, dezentraler Demokratie und ökologischer Nachhaltigkeit gründen.

Die Grundelemente besagter Demokratie wurzeln in einem harmonischen Verhältnis zur Mutter Erde, das, wie bereits weiter oben erwähnt, der Tatsache Rechnung trägt, dass alle Lebewesen einen inneren Wert besitzen, unabhängig davon, ob sie den Menschen irgendwelchen Nutzen bringen oder nicht. Die biologische und kulturelle Diversität ist Grundlage dieser radikalen Form der Demokratie, die nicht mehr auf eine produktive, kulturelle oder gar politische Vereinheitlichung abzielen darf. Nachhaltigkeit unter Einbeziehung künftiger Generationen in unser Denken verpflichtet zur Priorisierung von Gütern des Grundbedarfs zur Sicherung von Gesundheit, Ernährung, Bildung und Behausung als Rechte und nicht, wie bisher, als Handelsware. Eine andere Ökonomie, befreit von den Fesseln eines permanenten Wirtschaftswachstums, ist eine dringliche Aufgabe, ausgehend von Diversität, Nachhaltigkeit und Pluralismus, die der lokalen Ebene auf der Basis ihrer Notwendigkeiten und Bedürfnisse Macht verleiht und dabei deren jeweilige organisatorische Logik und Entscheidungsfindung respektiert. Das Wissen der Ahnen muss im engen Dialog mit den Erkenntnissen der Wissenschaft dazu beitragen, das gedeihliche Zusammenleben in sozialen, ökonomischen und politischen Beziehungen Wirklichkeit werden zu lassen. Inklusion und Teilhabe bilden die Grundlage dieser anderen Demokratie, wie sie in dauerhafter Verknüpfung von unten vorgeschlagen wird. Rechte und Pflichten müssen von der lokalen bis zur globalen Ebene zunehmen, und dabei die nationalen und regionalen Bereiche durchlaufen, um anstelle der Logik des Wettbewerbs und des Konflikts, die heute den Planeten im Würgegriff halten, Frieden, Rücksichtnahme und Solidarität zu globalisieren.

Die Wirtschaft muss von ihren Wurzeln her ganz neu gedacht werden. Sie darf weder die dominierende Wissenschaft sein, die sich wissenschaftliche Errungenschaften untertan macht, noch darf sie als eigentliches Ziel und Selbstzweck verstanden werden. Anstatt die Natur als »unerschöpflichen« Rohstoffvorrat und »dauerhaften« Abfallempfänger anzusehen, müsste sich diese andere Wirtschaft Nachhaltigkeit und Solidarität als unanfechtbare Zielsetzungen vornehmen.

Das Konzept der Nachhaltigkeit muss dringend aus den Klauen der Moderne befreit werden, die dieses Konzept seines wesentlichen Inhalts beraubt hat. Zum einen ist zu betonen, dass in der indigenen Welt das Verhältnis des Menschen zur Mutter Erde (fast) immer nachhaltig war und ist; überdies gibt es nichts Besseres, als zur Quelle eines Gedankens vorzudringen, der täglich an Kraft gewinnt. Zugleich bedarf es einer Autarkie der ökonomisch-natürlichen Prozesse, verstanden als Einheit oder *dialektisches Ganzes*, das sich aus mehreren Wechselwirkungen und komplexen Logiken zusammensetzt, die sich zyklisch und wechselseitig unterfüttern. In diesem Sinne muss mit dem Fetisch des unendlichen Wirtschaftswachstums auf einem keineswegs unendlichen Planeten Schluss sein, damit Prozesse vorankommen können, die ein *Gesundschrumpfen der Wirtschaft* vor allem in Ländern, die gegenwärtig als Zentren des Kapitalismus fungieren, kombiniert mit einer Entwicklung zum *Post-Extraktivismus* in der Peripherie als ersten Schritt zur Neuausrichtung der nationalen Ökonomien.

Dies verlangt die Schaffung von Transformationen, ausgehend von weltweit vieltausendfach vorhandenen praktischen Alternativen, die auf utopische Horizonte ausgerichtet sind und die für ein Leben in Harmonie zwischen den Menschen untereinander sowie zwischen Mensch und Natur eintreten. Es gibt viel von den indigenen Lebensformen zu lernen – ohne diese kopieren zu wollen –, etwa indem man die Philosophie des »*Buen Vivir*« in den Plural übersetzt: Solche »*buenos convivires*«, die Kombination mehrerer Ansätze für ein »Gutes Zusammenleben«, sind das Entscheidende. Und auf dieser praxisorientierten Wirkungslinie sind die Beiträge des Ökohumanismus sehr willkommen.

Die durch die Covid-19-Pandemie ausgelösten, umfassenden Einschränkungen haben uns in eine komplizierte Zeit versetzt, voller wachsender Unsicherheit, die uns die Grenzen und Risiken der kapitalistischen Globalisierung vor Augen führt und den dunklen Schatten einer zivilisatorischen Krise wirft. Diese Krise erreicht einen Punkt, an dem die ökonomische Krise und die Krise der Gesundheitsversorgung mit zahlreichen anderen Krisen zusammenfließen. Zusätzlich wird die Situation durch politische Entscheidungen verkompliziert, die immer mehr geradezu perverse Szenarien kreieren: Da ist beispielsweise das Konzept der simplen »Wiederöffnung« der Wirtschaft, um zu einer sogenannten Normalität zurückzukehren, welche an zahllosen Stellen das exakte Gegenteil von Normalität bewirkt. Damit würden wir uns, um das Mindeste zu sagen, auf einen gewaltigen Irrweg begeben.

Wir müssen begreifen, dass die Zerstörung der Natur gerade für die Wirtschaft ein enormes Risiko darstellt: Was routinemäßig als Wirtschaftswachstum gefeiert wird, läuft auf die Zerstörung der Ökosysteme hinaus, die unsere Existenz überhaupt erst möglich machen. Dies impliziert für uns an erster Stelle die Notwendigkeit, sich der These, das Kapital und dessen Anhäufung seien Sinn und Zweck der Ökonomie, ganz und gar zu widersetzen. Vielmehr müssen wir die Maxime »Das Leben steht über dem Kapital« mit Leben erfüllen, auch wenn dies heute schon nicht mehr genügen mag – oder vielleicht niemals genügt hat. Wir müssen das Kapital aus allen Lebensbereichen verbannen und durch soziale Beziehungen postkapitalistischen Charakters ersetzen.

Wenn wir hingegen das Kapital nicht verbannen und die Grenzen der Ökonomie, wie wir sie kennen – im orthodoxen wie im heterodoxen Sinne –, nicht überwinden, werden wir weiter unter einer Zivilisation zu leiden haben, die den Planeten ausplündert und das Leben in allen seinen Formen – menschlichen und nichtmenschlichen – auf die Dauer erstickt. Wenn wir diese Realität nicht begreifen, werden wir uns auf alle möglichen und mit Sicherheit sogar immer schlimmeren Pandemien gefasst machen müssen.

Die in diesem Buch zur Diskussion gestellten Punkte liefern einen wichtigen Beitrag, sich dieser Herausforderung zu stellen und Schritte in Richtung einer zivilisatorischen Transformation zu gehen, die keinen weiteren Aufschub duldet. Wir brauchen Gesellschaften, in denen die Ideen von Profit und Eigentum ihren Sinn verlieren; Gesellschaften, deren oberstes Ziel ein erfülltes Leben in Würde und Gerechtigkeit ist.

Eine der großen Aufgaben ist das Umdenken in Bezug auf die Arbeitswelt, um diese mit anderen Lebenswelten zu verknüpfen, von denen sie niemals hätte abgekoppelt werden dürfen. In dieses Bemühen spielt auch das Umdenken in Sachen Freizeit mit hinein, nicht um sie in irgendeine Norm zu zwängen, sondern um sie tatsächlich *frei* zu machen; nicht um sie zur Handelsware verkommen zu lassen, sondern um sie zu entkommerzialisieren, ihr gemeinschaftliches, kreatives und spielerisches Potenzial zu erweitern, sie ausgehend von der enormen kulturellen Vielfalt der Welt zu diversifizieren. Das Leben auf dem Land und in der Stadt muss auf der Basis praktischen Handelns neu gedacht werden, das Zufriedenheit und Freude in den vielfältigsten Facetten erzeugt. Dazu gehört auch, die zeitliche Organisation des Alltagslebens neu zu gestalten, angefangen mit dem Verkehr in den Städten.

Ohne die eigentliche Freizeit mit der durch Arbeitslosigkeit oder etwa durch eine Quarantäne erzwungene »freie Zeit« zu verwechseln, müssen wir das Recht auf Freizeit verteidigen, denn das Recht auf Arbeit ist in einer kapitalistischen Gesellschaft gleichbedeutend mit dem Recht, ausgebeutet zu werden … Folglich ist es in dieser Hinsicht angezeigt, die Freizeit eng an die Arbeit zu koppeln. Wenn wir unsere Arbeit selbst unter Kontrolle haben und sie, im Rahmen unserer gemeinschaftlichen Beziehungen, dem Ausdruck unserer individuellen Bedürfnisse entspricht, verschwindet der Unterschied zwischen Arbeit und Freizeit. Zweifellos verlangt diese Umgestaltung das Überwinden von entfremdender Arbeit, mit erschöpfenden Arbeitszeiten und unter miserablen Arbeitsbedingungen, ebenso wie von prekären Arbeitsverhältnissen, was etwa auf Tätigkeiten in einer Mine oder auch die Ausbeutung von Frauen im Haushalt zutreffen kann. Hier zeigt sich die Notwendigkeit eines vollständigen Überdenkens der Zeit, die wir der Arbeit widmen, während wir – unter Gewährleistung eines angemessenen Niveaus an Gerechtigkeit – substanzielle Schritte unternehmen, um den hektischen Rhythmus immer weiterer Anhäufung von Besitz zu entschleunigen, der sich im wachsenden Ausmaß von Konsum und Produktivismus widerspiegelt. Dies verpflichtet uns, die – angeblich der Demokratisierung förderlichen – technologischen Fortschritte dem Aufbau von Gesellschaften unterzuordnen, die von jeder Form von Ausbeutung und Ausgrenzung befreit sind.

Somit steht außer Zweifel, dass wir, um auf gerechte und demokratische Weise die Herausforderungen der Klimakrise annehmen zu können, nicht darum herumkommen, Arbeit umzugestalten und neu zu verteilen. Die Antwort auf diese ökologische Herausforderung, die zugleich eine gesellschaftliche Herausforderung ist, stellt eine weltweite Verpflichtung dar, ist aber nirgendwo dringlicher als in den industrialisierten Ländern, die die Hauptverantwortung für die globale Umweltkatastrophe tragen. Um dies klarzustellen: Es kann nicht sein, dass die verarmten Länder in Armut und Elend verharren sollen, damit die Bewohner der reichen Länder ihren unhaltbaren Lebensstandard weiter halten können. Die Aufmerksamkeit im Süden muss sich darauf richten, nicht die Arten von Lebensstil zu kopieren, die sich bereits als sozial und ökologisch untragbar erwiesen haben. In den »unterentwickelten« Ländern ist es daher ebenso dringlich, die Frage des Wirtschaftswachstums verantwortungsvoll in Angriff zu nehmen. Dafür ist es zuerst einmal mindestens angezeigt, zwischen »gutem« und »schlechtem« Wachstum zu differenzieren; es muss um ein Wachstum gehen, das sich anhand der jeweiligen Geschichte von Natur und Gesellschaft definiert, die dieses Wachstum hinterlässt, ebenso wie anhand der Zukunft, soweit diese antizipierbar ist.

Diese Aufgabe impliziert eine Anstrengung mit langem Atem und tiefgreifende Transformationen, im Rahmen vielfältiger Übergänge, deren Konnotationen eine umso größere Dringlichkeit erlangen werden, je ungezügelter sich die kritischen gesellschaftlichen, ökologischen und gewiss auch ökonomischen Zustände zuspitzen – vor allem in der internationalen Perspektive. Es ist von fundamentaler Bedeutung, den von den Eliten gepflegten Lebensstil zu revidieren, und dieser darf auch nicht als – unerreichbarer – Orientierungshorizont für den Großteil der Erdbevölkerung dienen; diese Neubewertung wird sich auf der Basis echter Fairness an der Reduzierung und Neuverteilung der für Arbeit aufgewendeten Zeit orientieren müssen, ebenso wie sich die kollektive Neudefinition der Bedürfnisse und die Maßstäbe für Zufriedenheit an dem auszurichten haben, was Wirtschaft und Natur nachhaltig bereitstellen können. Lieber früher als später, auch und gerade in den »unterentwickelten« Ländern, wird man »Hinlänglichkeit« mit Blick darauf priorisieren müssen, was tatsächlich notwendig ist, also nicht mit dem Ziel einer unaufhaltsamen Akkumulation materieller Güter (die immer unnützer werden), sondern mit Blick auf eine immer größere Effizienz, weg vom unkontrollierten Wettbewerbsdenken und einem aus den Fugen geratenen Konsumismus, die am Ende die Menschheit zerstören werden. Es geht ebenso entscheidend wie schlicht darum, unsere Anstrengungen nach den richtigen Zielen auszurichten.

Zusammenfassend gesagt werden Individuen und Gemeinschaften ihre Fähigkeit, anders zu leben und sich vom Überflüssigen zu befreien, in die Tat umsetzen müssen. Es ist die Stunde der Strategien, der Gestaltung und des Ringens auf allen Ebenen menschlicher Aktivität, von der lokalen bis zur globalen Ebene. Dabei dürfen wir von der Ebene der Nationalstaaten oder der globalen Ebene nicht zu viel erwarten. Dennoch müssen wir auch hier aktiv Einfluss nehmen, und sei es nur, um einige wenige Verbesserungen auszuhandeln. Der hauptsächliche Wirkungsbereich unseres Handelns liegt zweifellos dort, wo und von wo aus wir aktiv werden können, um gemeinschaftliches Leben in gemeinschaftlichen Bereichen voranzubringen, in denen Pluralität und Diversität zu Hause sind, in denen Gleichheit und Gerechtigkeit herrschen und die von gemeinschaftlichen Horizonten geprägt sind. Nur so können wir dem wachsenden Autoritarismus widerstehen und zugleich ein für alle gedeihliches Zusammenleben wachsen lassen.

Um all dies geht es in diesem wachrüttelnden Buch.

Vielleicht erweist sich ja gerade die Corona-Pandemie als historisches Ereignis, das es fertigbringt, dem menschlichen Gewissen die »Intelligenz des Lebens« einzuimpfen: Ich *bin* Natur / wir *sind* Natur / die Natur *ist* das Leben. Wenn wir also aus den aktuellen umfassenden Einschränkungen und *Lockdowns* nicht die richtigen Lektionen mitnehmen, um andere Welten zu schaffen – ein Pluriversum, in dem Menschen und alle anderen Lebewesen in Würde leben und gedeihen können –, dann werden wir niemals den Albtraum der vielfältigen Pandemien des Kapitalismus hinter uns lassen. Und dann wird die Barbarei noch viel näher sein, als wir es uns vorzustellen vermögen.

Unsere Quellen

Ein angemessenes Literaturverzeichnis wäre lang, der Text wäre durchsetzt mit Verweisen und Quellenangaben. Wir haben bewusst darauf verzichtet. Aber es ist uns wichtig, dass sich der Ökohumanismus als eine Weltanschauung dadurch auszeichnet, dass er auf Grundlage des existierenden Wissens über unsere Welt und uns Menschen reift und sich entwickelt.

Etliche Literatur findet sich in anderen unserer Werke, etwa im Buch »Der Mensch im globalen Ökosystem. Einführung in die nachhaltige Entwicklung« (oekom). Ausgangspunkt unserer Überlegungen zu diesem Buch war unser Kapitel »Für einen globalen Ökohumanismus – Wie wir die Grenzen von Natur- und Heimatschutz überwinden« im Jahrbuch Ökologie 2021 (Hirzel).

Vor allem aber gilt: Wir stehen auf den Schultern von Giganten. Menschen, denen wir wichtige Eckpfeiler oder Mosaiksteinchen unseres Welt- und Menschenbildes verdanken und deren Schriften hier als Quellen zu nennen wären, sind unter vielen anderen: Hannah Ahrendt, Ludwig von Bertalanffy, Charles Darwin, Friedrich Engels, Nicholas Georgescu-Roegen, Johann Wolfgang von Goethe, Georg Friedrich Wilhelm Hegel, Johann Gottfried Herder, Crawford Stanley Holling, Sven-Erik Jørgensen, Alexander und Wilhelm von Humboldt, Hans Jonas, James Kay, Aldo Leopold, Karl Marx, Donella und Dennis Meadows, Eugene Odum,

Ilya Prigogine, Eric Schneider, Erwin Schrödinger, Arthur Tansley, Henry Thoreau, Edward O. Wilson.

Aber auch viele Zeitgenossen haben uns beeinflusst. Einigen von ihnen sind wir auch deshalb zu Dank verpflichtet, weil sie uns im Entstehungsprozess dieses Buches freundlich bestätigt und mit fundierter Kritik konstruktiv verunsichert haben. Zu den Stärken dieses Buches haben so insbesondere Wilhelm Barthlott, Almuth Hartwig-Tiedt, Peter Hennecke, Boy Ibisch, Hartmut Ihne, Josiane Lowe, Michael Müller, Celin Sommer, Thea Uhlich, Ernst Ulrich von Weizsäcker und Lisa Zimmer entscheidend beigetragen – für die Schwächen sind allein wir Autoren verantwortlich. Alberto Acosta danken wir nicht nur ganz konkret für sein Nachwort, sondern auch für seinen Kampf für das *Buen Vivir*, das Gute Zusammenleben, das uns so stark beeinflusst und inspiriert hat.

Wie es manchmal so geht beim Wissen-Schaffen, gelangt man durch Erfahrung und Nachdenken zu »neuartigen« Ideen und Begriffen, um dann festzustellen, dass andere vor einem schon einen konvergenten Weg beschritten haben. So ging es uns auch mit dem Ökohumanismus. Das war uns aber Ansporn, erst recht tiefer in die Thematik einzudringen. Wir anerkennen und würdigen hier die Leistungen aller Autoren und Autorinnen, die zum evolutionären oder ökologischen Humanismus beziehungsweise *eco-humanism* gearbeitet haben. Genannt seien etwa Floris van den Berg, Joseph Beuys, Rupert Biedrawa, William Cohen, Michael Onyebuchi Eze, Lesław Michnowski, Wilfried Heidt, Jean-Luc Mélenchon, William R. Patterson, Michael Schmidt-Salomon, Henry Skolimowsky, Robert Tapp und andere.

Wir haben uns bewusst »den Luxus genehmigt«, zunächst unser Ideengebäude zu errichten, ehe wir uns im Detail mit den vorliegenden Werken beschäftigt haben. Wir erkennen die Konvergenz sowie die überaus deutlichen Unterschiede, und sehen uns vor allem dadurch ermutigt und bestätigt, dass offenkundig viele andere Menschen – auch aus anderen Motivationen und Perspektiven – zu teilweise vergleichbaren Schlussfolgerungen gelangt sind. Dazu gehört die Einsicht, dass es nottut, ein angemessenes *Zurück zur Natur* und *Zurück zur Menschlichkeit* zu fordern, und zwar in dieser Kombination. Wir stellten auch fest, dass wir anders und teilweise radikaler gedacht haben, was unseren jeweiligen fachlichen und biografischen Hintergründen zu verdanken ist, die kaum unterschiedlicher sein könnten und uns dennoch zusammengeführt haben.

Ein besonderer Dank gilt Katharina Rücker-Weininger, deren Illustrationen, insbesondere zu den einzelnen Thesen, nicht nur für uns ein Quell der Inspiration und Reflexion waren und sind.

Nun bleibt uns zum Schluss nur noch ein letzter Dank – an Sie, liebe Leserinnen und Leser. Dafür, dass Sie sich auf unsere Gedanken, unsere kleinen Provokationen und unsere großen Zumutungen eingelassen haben. Was uns nun wirklich zutiefst interessiert: Sie sind unserer Meinung oder, noch besser, Sie sind es nicht? Dann teilen Sie uns Ihre Meinung, Ihre Kritik, Ihren Zuspruch, Ihre weiterführenden Gedanken mit. Sie erreichen uns über unsere Webseite www.oekohumanismus.de und über die diversen sozialen Medien (Links auf der Webseite). *Geerdetes Denken* heißt auch miteinander denken. Deshalb versprechen wir: Sie bekommen eine Antwort.

Garantiert.